dtv

Herausgegeben von Olaf Benzinger

Thomas Deichmann, geboren 1962, ist diplomierter Bauingenieur und Chefredakteur der Zeitschrift ›Novo‹ (www.novo-magazin.de). Er lebt in Frankfurt am Main. 2005 ist sein Buch ›Naturwissenschaft. Alles, was man wissen muss‹ (dtv 34237, mit Detlev Ganten und Thilo Spahl) erschienen.

Thilo Spahl, geboren 1966, ist Diplom-Psychologe. Er ist freier Wissenschaftsautor mit Schwerpunkt Lebenswissenschaften und Ressortleiter »Wissenschaft & Ökologie« der Zeitschrift ›Novo‹ und lebt in Berlin. Als Buch publizierte er u. a. zusammen mit Thomas Deichmann ›Das populäre Lexikon der Gentechnik‹ (2001).

einfach wissen

Das Wichtigste über

Natur & Technik

Von Thomas Deichmann
und Thilo Spahl

Mit zahlreichen farbigen Abbildungen

Deutscher Taschenbuch Verlag

Ein Überblick über die gesamte Reihe findet sich am Ende des Buches

Originalausgabe
Oktober 2006

www.dtv.de

Umschlagkonzept: Balk & Brumshagen
Umschlagbild: Corbis/Images.com
Redaktion, Satz und Innengestaltung: Lektyre Verlagsbüro, Germering
Gesetzt aus der Concorde 9/13°
Druck und Bindung: APPL, Wemding
Gedruckt auf säurefreiem, chlorfrei gebleichtem Papier
Printed in Germany
ISBN-13: 978-3-423-34363-3
ISBN-10: 3-423-34363-X

Inhalt

Vorwort des Herausgebers

Bildung steht wieder hoch im Kurs: Wissen ist wichtig für den beruflichen und den persönlichen Erfolg. Eine gute Allgemeinbildung erhöht nicht nur die Chancen im Leben, sondern auch den Spaß daran. Man kann sogar Millionär damit werden.

Heutzutage steht uns eine nahezu unbegrenzte Menge an Wissen zur Verfügung, das jederzeit aus Büchern, aus anderen Printmedien und aus dem Internet abgerufen werden kann. Dennoch ist ständig die Rede davon, dass das Bildungsniveau nicht steigt, sondern sinkt, und zwar quer durch alle Bevölkerungsschichten.

Über die Ursachen für diese Entwicklung wird viel diskutiert. Eines ist klar: Die steigende Informationsflut macht zusammen mit der wachsenden Medienvielfalt den Erwerb und die dauerhafte Aneignung von Wissen nicht einfacher, eher sogar schwieriger. Was man irgendwann mal gelernt hat, verschwindet aus dem Gedächtnis, was man neu aufnimmt, bleibt nicht richtig darin verankert. Man weiß immer mehr und versteht immer weniger.

Das überraschend schwache Abschneiden der Deutschen in der schon fast sprichwörtlich gewordenen PISA-Studie hat sicherlich viele Ursachen, ist aber gerade auch vor diesem Hintergrund zu verstehen.

Die Reihe ›einfach wissen‹ bietet hier Unterstützung an. Namhafte Wissenschaftspublizisten stellen in acht Bänden ein breites Spektrum von Wissensgebieten vor: von Naturwissenschaft und Technik bis Theologie, von Literatur bis Politik und Wirtschaft, von Geschichte bis Geografie, von Medizin bis Kunst und Musik. Aus dem jeweiligen Fachgebiet werden zentrale Informationen herausgefiltert, die als Grundwissen gelten können. Dadurch entsteht eine solide Wissensbasis, die es erleichtert, weiteres Detailwissen einzuordnen, miteinander zu verknüpfen und im Gedächtnis zu behalten. Die Texte sind in knappen Einheiten aufgebaut, sie sind gut verständlich und unterhaltsam geschrieben.

Eine Fülle von Abbildungen illustriert und ergänzt die Informationen im Text. Im Anhang findet man Lektüreempfehlungen sowie zahlreiche weitere praktische Hinweise und Informationen. So kann man vorhandene Kenntnisse spielerisch auffrischen und sich neue Themenfelder erschließen.

Der vorliegende Band beschäftigt sich mit dem Feld der Naturwissenschaft und Technik. Vorgestellt werden zunächst die herausragenden Persönlichkeiten, die mit ihren naturwissenschaftlichen Werken und Ideen der menschlichen Erkenntnis maßgebliche Beiträge und Impulse hinzugefügt haben. Ebenfalls im Zentrum stehen einige der überragenden technischen Errungenschaften der Menschheit: von der Antike bis in die unmittelbare Gegenwart. Eingebettet darin finden sich Artikel und Zusammenfassungen der wesentlichen Theorien der modernen Naturwissenschaften – kurz: das Wichtigste, was wir über die natürlichen Zusammenhänge, die uns alle umgeben, heute wissen sollten. Im Anhang findet der Leser praktische Hinweise wie Leseempfehlungen, eine Liste von DVDs, in denen naturwissenschaftliche Zusammenhänge augenfällig und eindrucksvoll filmisch aufbereitet sind, sowie eine Auflistung wichtiger naturwissenschaftlicher Museen und Erlebniswelten. Eine Zeittafel der Wissenschafts- und Technikgeschichte und ein mit Kurzinfos versehenes Namenverzeichnis runden den Band ab.

Olaf Benzinger
Germering, im Sommer 2006

Persönlichkeiten

Thales von Milet (624–547 v. Chr.)

Vor etwa 6000 Jahren begann die wissenschaftliche Naturforschung fast gleichzeitig in Ägypten, Mesopotamien, Kreta, Babylon und China. Ihre erste Blüte erlebte sie in Griechenland ab dem 6. Jahrhundert v. Chr. Die kleinasiatische Stadt Milet wurde zum Ort einer regelrechten »Wissensexplosion«.

Milet war von den Griechisch sprechenden Ioniern gegründet worden, lag an der Mündung des Mäanders in das Ägäische Meer und war seit dem 10. Jahrhundert v. Chr. die größte und wohlhabendste griechische Siedlung. Die großen Karawanenstraßen aus dem Innern des asiatischen Kontinents endeten hier, unzählige Handelswaren und technische Fertigkeiten gelangten per Schiff weiter nach Athen. Die Verarbeitung von Schilfgras zu Papyrus, das man beschreiben konnte, wurde in Ägypten erfunden, in Griechenland beflügelte sein Import die Entwicklung der Schrift und früher Geldformen.

Thales von Milet gelangte zu seinem Ruhm nicht zuletzt wegen der Besonderheiten seiner geistig inspirierenden Geburtsstadt. Er begründete die ionische Naturphilosophie, und seit dem 5. Jahrhundert v. Chr. zählte er zu den »sieben Weisen«. Er betrachtete, wie viele Gelehrte seiner Zeit, den expandierenden Handel und den interkulturellen Austausch als Bereicherung und wirtschaftliche Chance. Seine Offenheit gegenüber dem Neuen zeigte sich aber auch in seiner Suche nach der Wahrheit – der Neugier, wissen zu wollen, was hinter natürlichen Erscheinungen als Ursache und Beweggrund steht.

Das Weltbild des Thales: Die Erdscheibe schwimmt im Meer.

Thales suchte nach rationalen Erklärungen für Naturphänomene, und er legte dabei eine neuartige Systematik an den Tag. So notierte er wiederkehrende Erscheinungen am Firmament und auf der Erde und erforschte die zu Grunde liegenden Zusammenhänge, wenn verschiedene Phänomene wiederholt gleichzeitig zu beobachten waren. Dank seines systematischen Studiums der Sternenläufe soll er am 28. Mai 585 v. Chr. erstmals eine Sonnenfinsternis vorhergesagt haben.

Für die damalige Zeit bahnbrechend war seine Interpretation der Nilschwelle, die alle Jahre im Sommer auftrat, wenn andere

Flüsse im Mittelmeerraum wenig Wasser führten. Er erklärte dieses Naturschauspiel mit zyklisch von Mai bis Oktober über Griechenland, der Ägäis und dem östlichen Mittelmeer wehenden Nord- bis Nordostwinden (Etesien), die im Nil das Wasser aufstauen ließen. Auch der Mathematik widmete er sich: Überliefert ist, dass Thales die Höhe der ägyptischen Pyramiden aus Schattenlängen berechnen konnte.

»Das Prinzip aller Dinge ist das Wasser,
denn Wasser ist alles
und ins Wasser kehrt alles zurück.«

Viele Ideen des Thales hatten keinen Bestand. Falsch lag er mit seiner Behauptung, die Erde sei eine Scheibe, die im Meerwasser trieb. Das Land war in seinen Augen aus dem Meer emporgetaucht, das Wasser für ihn der elementare Urstoff aller Materie. Doch auch bei dieser Fehlinterpretation war sein rationaler Ansatz prägend, denn er versuchte mit seiner »Urstoff-These« auch geologische Phänomene wie Gebirgsbildungen zu erklären. Zudem war er mit seiner Position, der zufolge es einen physikalischen Grundstoff gibt, aus dem alle Dinge der Welt entstanden sind, den Vertretern der damals üblichen Schöpfungsmythen, die sich einzig um die Götter drehten, weit voraus.

Auch Thales sah natürlich noch hauptsächlich die Götter am Werk. So glaubte er, dass Magneteisensteine eine Seele besaßen, weil man mit ihnen wie mit Geisterhand Eisen bewegen konnte. Doch derlei Trugschlüsse taten seinem großen Einfluss keinen Abbruch. Er konnte eine ganze Generation junger Griechen inspirieren, zumal er auch in der Lehre neue politische Akzente setzte, indem er seinen Schülern beibrachte, die Weisheiten ihrer Lehrer nicht unhinterfragt zu akzeptieren. Diesem Rat folgte zum Beispiel Anaximander, der dem großen Meister bei der Frage der Erdform widersprach. Laut Anaximander war die Erde keine Scheibe, sie hatte vielmehr die Form einer zylindrischen Trommel und schwebte inmitten des Universums.

Aristoteles (384–322 v. Chr.)

Aristoteles war neben Platon der bedeutendste Philosoph der griechischen Antike, er gilt als Vater der Wissenschaften, seine umfangreichen Lehren dominierten das abendländische Denken bis zum Beginn der Neuzeit. Er widmete sich der auf systematischer Beobachtung basierenden Naturforschung; damit wandte er sich auch gegen seinen Lehrmeister Platon, dessen Denken in erster Linie religiös und mystisch geprägt war. Aristoteles hielt wenig von übernatürlichen Erklärungen, er studierte lieber die Natur und suchte nach logischen Erklärungen für das, was er vorfand. Dadurch wurde er zum am meisten geschätzten Gelehrten seiner Epoche, zu seinen Schülern gehörten Berühmtheiten wie der spätere Alexander der Große.

Aristoteles postulierte die Kugelgestalt der Erde, nachdem er bei Reisen beobachtet hatte, dass in Fahrtrichtung immer neue Sterne am Horizont erschienen und dass die Erde einen kreisförmigen Schatten auf den Mond warf. Die Erde blieb für ihn allerdings der Mittelpunkt des Universums. Dort gab es den Himmel, den er als »Äther« bezeichnete, und in dem die Sterne »unvergäng-

Aristoteles wurde 384 v.Chr. auf der Halbinsel Chalkidike als Sohn eines Arztes geboren. Mit 17 Jahren siedelte er nach Athen über, wo er die nächsten 20 Jahre an der von Platon gegründeten Akademie studierte und lehrte. Nach dem Tod Platons 347 heiratete Aristoteles und ließ sich auf der Insel Lesbos nieder. Fünf Jahre später wurde er an den Hof des makedonischen Königs Phillip II. gerufen, um dessen Sohn, der als »Alexander der Große« in die Geschichte eingehen sollte, zu unterrichten. 334 kehrte Aristoteles nach Athen zurück, wo er eine eigene Schule gründete. Nach dem Tod Alexanders wurde er von Altgläubigen der Gotteslästerung beschuldigt. Aristoteles zog sich daraufhin auf das Landgut seiner Mutter zurück. Wenig später starb er an einem Magenleiden; er hinterließ eine Fülle von Schriften.

Aristoteles

lich und göttlich« immerfort ihre perfekten Bahnen zogen. Vor allem interessierte ihn jedoch die Erde mit ihren vielfältigen Lebensformen. Aristoteles erkannte, dass Leben mit Wachstum, Entfaltung und Veränderung einhergeht. Diese Umwandlungen und den Kreislauf der vier irdischen »Grundelemente« Feuer, Erde, Wasser und Luft versuchte er zu ergründen.

Dazu dienten ihm umfangreiche Feldstudien: Tag um Tag verbrachte er an felsigen Meeresbuchten, um Fische, Seesterne, Krebse und andere Tiere zu beobachten. Er studierte ihre Fortbewegung und Fortpflanzung und begann mit der Dokumentation der Artenvielfalt: Etwa 560 verschiedene Tierarten notierte er in seine Bücher – auch Details blieben ihm nicht verborgen: Da bspw. Wale und Delfine Luft atmeten und ihren Nachwuchs lebend zur Welt brachten, zählte er sie zu den Landtieren statt zu den Fischen. Seine Niederschriften wurden später als so bedeutend erachtet, dass eine Hirsch- und eine Welsart nach ihm benannt wurden.

Die schlüssige Abgrenzung der verschiedenen Tierarten bereitete ihm natürlich Schwierigkeiten, weil als Erklärung die Evolutionstheorie noch nicht zur Verfügung stand. Damit war Aristoteles auch der Gedanke fremd, dass aus vorhandenen Tierarten neue hervorgegangen sein konnten. Als Folge entwarf er ein streng hierarchisches, statisches Modell des Lebens: die Stufenleiter des

Lebendigen, genannt »scala naturae«, auf der die »Natur in einer ununterbrochenen Aufeinanderfolge von den unbelebten Objekten über die Pflanzen bis zu den Tieren reicht«.

Auf oberster Stufe stand der Mensch als das höchstentwickelte Lebewesen. Allen irdischen Dingen waren feste Plätze zugewiesen, wobei die höheren Stufen der Skala als von den niederen abhängig betrachtet wurden. Pflanzen hatten nur die »Reproduktionsseele«, Tiere bereits die Fähigkeit, zu fühlen und sich fortzubewegen, die Menschen zusätzlich die Vernunft.

Aristoteles schuf damit eine »Einheit der lebenden Dinge«, wobei ihn nicht störte, dass auch Staub, Matsch und Steine hierzu gerechnet wurden, denn alles war für ihn durch die Einheit von Geist und Materie geprägt. Jedem Ding wohnte also auch etwas wie eine Seele inne. Alles, was mit einem Ding war und passierte, ob Veränderung, Bewegung, Form oder Beschaffenheit, führte er auf vier zusammenwirkende Urgründe zurück: die »causa materialis« (stoffliche Materie), die »causa formalis« (Form, Gestalt und Seele), die »causa movens« (Antrieb und Bewegung) und die »causa finalis« (Sinn und Zweck).

Diese Urgründe sorgten in seinen Augen auch für die Verwandlungen der vier Elemente Feuer, Erde, Wasser und Luft. Ein Gesteinsbrocken hatte also ein Lebensziel, das er während seines Daseins anstrebte, um seinen vorbestimmten Platz einzunehmen – und sei es auch nur, genau dort auf dem Stückchen Erde zu liegen, wo er im Kosmos hingehörte. Gase hingegen verflüchtigten sich in die Luft, weil ihre inneren Anlagen sie dazu bewegten. Die Körperorgane funktionierten entsprechend, weil ihre Funktion ihrem Wesen entsprach.

Auf Grundlage dieses philosophischen Weltbildes interpretierte Aristoteles alle möglichen natürlichen Phänomene – zum Beispiel, wenn aus frisch aufgeworfenen Misthaufen binnen Tagen massenhaft Fliegen aufstiegen oder sich in matschigen Pfützen plötzlich Molche tummelten. Er behauptete, dass »Würmer, Motten und Kröten spontan durch göttliche Schöpfung aus nasser Erde«, Lebewesen also mithilfe ihrer Lebenskraft spontan aus organischer Materie entstehen würden. Entsprechend erklärte er Fossilien – die Überreste und Spuren von Organismen in Steinen.

Für ihn galten sie als Beweis für die »Urzeugung« von Lebewesen aus Erde und Schlamm. Nur seien sie nicht zu vollem Leben erwacht und deshalb im Erdreich stecken geblieben. Laut Aristoteles gab es demnach überall Lebenskräfte, die nur darauf warteten, geweckt zu werden. Diese Sichtweise wurde als »Vitalismus« bezeichnet und blieb über Jahrhunderte vorherrschende Meinung der Gelehrten.

Archimedes (um 285–212 v. Chr.)

Heureka: Ich habe es gefunden! Dieser berühmte Ausspruch geht auf Archimedes von Syrakus zurück, den wichtigsten technischen Erfinder der Antike. Archimedes kümmerte sich sowohl um die wissenschaftliche Forschung als auch um die technische Entwicklung nützlicher Gegenstände, er vereinigte also Naturwissenschaft und Technik – Bereiche, die in der heutigen Zeit oft völlig losgelöst voneinander sind.

So verfasste er Schriften zur Mathematik und Physik und erklärte, wie man die Inhalte krummliniger Flächen und Körper berechnen konnte. Er bestimmte die Größe der Zahl Pi (π) schon recht exakt und erfand die Exponentialschreibung großer Zahlen – also bspw. (10^4) für 10 mal 10 mal 10 mal 10 gleich 10 000.

Was heute wenig spektakulär erscheint, eröffnete damals ganz neue Horizonte: So konnte Archimedes die Anzahl von Sandkörnern in einem Gefäß bestimmter Größe berechnen und sogar schätzen, wie viele Sandkörner am Strand von Syrakus lagen.

Archimedes war aber immer auch an der praktischen Umsetzung seines Wissens interessiert. So bastelte und feilte er oft mona-

Archimedes

telang an neuen Geräten, die das Leben der Menschen erleichtern sollten. Sein systematischer Erfindergeist brachte den Flaschenzug hervor, eine schneckenförmige Wasserpumpe (»archimedische Schraube«), die zur Feldbewässerung eingesetzt wurde, eine ganze Reihe von Hebelwerkzeugen, Steinschleudern sowie ein System von Konvexlinsen, mit dem durch die Bündelung von Sonnenlicht Feuer entfacht werden konnte.

Über sein Leben ist wenig bekannt. Als gesichert gilt, dass er in Syrakus auf Sizilien geboren wurde. In Alexandria studierte er um 245 Mathematik, ließ in der Folge aber vor allem seinem Ingenieursgeist freien Lauf. Dies bescherte ihm zu Lebzeiten großen Ruhm. In seiner Heimatstadt wurde er gefeiert, weil er mit neuartigen Kriegsmaschinen den römischen Belagerern im Zweiten Punischen Krieg (zwischen Römern und Karthagern 218–201 v. Chr.) trotzen konnte.

Bald machten seine mit Legenden ausgeschmückten Heldentaten weit über den Mittelmeerraum hinaus die Runde: So hieß es, Archimedes habe die römische Flotte bei ihrer Seeblockade von Syrakus mit riesigen Brennspiegeln in Flammen aufgehen lassen.

König Hieron II. von Syrakus nahm die Dienste seines Ehrenbürgers gerne in Anspruch. Als eine neue Goldkrone geliefert wurde, bat er Archimedes um Überprüfung, ob das den Schmieden zur Verfügung gestellte Edelmetall auch tatsächlich vollständig verarbeitet worden war.

Der Anekdote zufolge soll Archimedes in der Badewanne gesessen und über den Auftrag nachgedacht haben, als er bemerkte, dass, je tiefer er seinen Körper ins Badewasser tauchte, desto mehr Wasser über den Rand schwappte. Da wurde ihm klar, dass er die fertige Krone nur in Wasser eintauchen und die Menge des übergelaufenen Wassers messen musste, um das Volumen der Goldkrone zu bestimmen. Anschließend musste er ein Stück Gold wiegen, dessen Volumen exakt dem des übergeschwappten Wassers entsprach. Der Gewichtsvergleich dieses Klumpens mit der Krone sollte schließlich zeigen, ob die Schmiede betrogen hatten. Nach diesem Geistesblitz, der uns als »archimedisches Prinzip« bekannt ist, soll Archimedes, splitternackt durch die Gassen von Syrakus laufend, immerzu »Heureka« gerufen haben.

Sein Erfindergeist konnte dennoch nicht verhindern, dass die Römer obsiegten. Archimedes wurde 212 bei der Einnahme von Syrakus von römischen Soldaten getötet. Der ganze Mittelmeerraum trauerte um ihn.

Nikolaus Kopernikus (1473–1543)

Nach dem Ende der griechischen Antike wurde das Wissen der alten Gelehrten im römischen Reich adaptiert und zum Teil weiterentwickelt. Als Rom im 5. Jahrhundert unterging, wanderte das Zentrum der Naturwissenschaften in die arabische Welt, wo Medizin und Astronomie Blütezeiten erlebten. Die Kirchenväter im westlichen Europa hielten an einer Sicht der Welt als statisches Gebilde fest. Mit dem christlichen Schöpfungsglauben im Mittelpunkt des geistigen und politischen Lebens (Scholastik) sollten die

Wissenschaften in Europa über Jahrhunderte ein Schattendasein führen.

Ab dem 12. Jahrhundert wurden jedoch in Paris und anderen Großstädten erste Universitäten gegründet, die zu neuen Stätten der rationalen Erkenntnissuche wurden. Und auch innerhalb der Kirche regte sich im Laufe der Zeit Widerstand gegen die scholastische Wissenschaftsskepsis. Die Entdeckungsreisen von Christoph Kolumbus sowie die Erfindung der Buchdruckkunst im 15. Jahrhundert beflügelten die Verbreitung neuen Gedankenguts.

Die europäische Renaissance verhalf den Wissenschaften zu einem triumphalen Durchbruch. Viele neue Wissenschaftszweige entstanden, doch die ersten sehr bedeutenden Fortschritte wurden im Bereich der angestammten Sternenforschung erzielt – angeführt von Nikolaus Kopernikus (dessen korrekter Nachname eigentlich Koppernigk lautete). Kopernikus wurde im Februar 1473 im polnischen Thorn am Unterlauf der Weichsel geboren. Sein Vater war ein deutschstämmiger Kaufmann, er verstarb, als der Knabe erst zehn Jahre alt war. Daraufhin kümmerte sich der spätere Bischof von Ermland, Lukas Watzenrode, um dessen Erziehung und Ausbildung.

Nikolaus studierte in Krakau und in Bologna Mathematik und Astronomie, bevor er zum Domherren von Frauenburg im Ermland ernannt wurde. Er zog es aber zunächst vor, weiter zu studieren und ging nach Padua an die Lehrstühle für Medizin und Recht. 1510 trat er seine Verwaltungsstelle in Frauenburg an und widmete sich dort fortan bis zu seinem Tod im Mai 1543 der Astronomie.

Wie viele seiner um wissenschaftlichen Erkenntnisgewinn bemühten Zeitgenossen setzte sich Kopernikus intensiv mit den Lehren der alten Griechen auseinander – er folgte dem Grundsatz des Renaissance-Humanismus, sich auf die Ursprünge zu besinnen und das antike Denken weiterzuführen. Bei der Sternenforschung knüpfte er bei dem bis zu seiner Epoche weitgehend unbestrittenen geozentrischen oder ptolemäischen Weltbild an. Demzufolge bildete die Erde den Mittelpunkt des Universums.

Das kopernikanische Weltbild in einem Stich um 1660.

Kopernikus lag es fern, mit den Vorstellungen der alten griechischen Meister und den Schöpfungsmythen des Christentums zu brechen. Vielmehr ging es ihm darum, die früheren Lehren mit neueren Beobachtungen der Sternenlaufbahnen in Einklang zu bringen und ihnen damit mehr Gehör zu verschaffen. Kopernikus behielt deshalb zentrale Aussagen des ptolemäischen Weltbilds bei: Der Kosmos bestand für ihn weiterhin aus kreisrunden Sphären. Im Jahr 1507 schrieb er jedoch in sein Notizbuch, er überlege oft, »ob nicht etwa eine vernünftigere Anordnung von Kreisen zu finden sei, von welchen alle erscheinende Ungleichmäßigkeit abhinge«. Sein Ziel war es demnach, die Sphären besser zu ordnen. Bei diesem Unterfangen war er allerdings bald vor die Entscheidung ge-

Das Hauptwerk des großen Astronomen Nikolaus Kopernikus ›Über die Umläufe der Himmelskörper‹ erschien in dessen Todesjahr 1543. Er erklärte darin, dass die Planeten um die Sonne kreisen, dass sich der Mond um die Erde und die Erde um sich selbst dreht. Damit begann eine neue Epoche der Wissenschaft, die in einen Konflikt mit der katholischen Kirche mündete.

stellt, die Erde aus dem Mittelpunkt des Systems zu nehmen und zu einem Planeten wie die anderen zu erklären. Kopernikus wurde damit zum Begründer des heliozentrischen oder auch kopernikanischen Weltbilds, demzufolge sich die Erde einmal am Tag um sich selbst dreht und in einem Jahr die Sonne umwandert.

Die Kirchenvertreter seiner Zeit verfolgten die Arbeiten des Kopernikus mit Interesse, da auch ihnen daran gelegen war, die Planetenstellungen zu einer Zeit, da es noch keinerlei Fernrohre gab, mithilfe neuer Rechenmodelle exakter vorherzusagen. Martin Luther sprach gar von einer »Unordnung« bei der Himmelskunde, und auch Päpste, Kardinäle und Erzbischöfe ließen sich über die Studien von Kopernikus unterrichten.

Doch offenbar scheute der angesehene Astronom vor der direkten Infragestellung seiner eigenen Glaubensbilder zurück. Auch in seinem Hauptwerk formulierte er eher zurückhaltend, was er über die »Entthronung« der Erde herausgefunden hatte. Seine Zurückhaltung lag nicht zuletzt an der Lückenhaftigkeit seiner Modelle, denn auch mit ihrer Hilfe ließ sich das Geschehen am Himmel kaum besser vorhersagen. Es sollte noch etwa ein Jahrhundert dauern, bis auf Grundlage der Arbeiten von Johannes Kepler von einer wirklichen »kopernikanischen Wende« die Rede sein konnte.

Johannes Kepler (1571–1630)

Johannes Kepler vollendete, was Nikolaus Kopernikus begonnen hatte: Er löste die Erde endgültig aus ihrer bevorzugten Stellung im Universum, in dem er anhand von Beobachtungen erstmals faktisch nachweisen konnte, dass sich alle Planeten unseres Sonnensystems (an andere Galaxien war zu seiner Zeit noch nicht zu denken) nicht auf kreisförmigen, sondern auf elliptischen Bahnen um die Sonne herum bewegten. 1609 stellte er diese Erkenntnis erstmals in seiner Schrift ›Neue Astronomie‹ anhand von Messdaten der Marslaufbahn vor, die zuvor der dänische Astronom Tycho Brahe zusammengestellt hatte.

Den angesehenen Dänen hatte der im württembergischen Weil der Stadt geborene deutsche Astronom Kepler in Prag kennen gelernt. Brahe war dort am Hof von Kaiser Rudolf II. als Mathematiker und Astronom beschäftigt und gab Kepler 1600 eine Assistentenstellung. Doch die neue Hilfskraft erwies sich als äußerst widerspenstig und suchte immerzu den Streit über die astronomischen Modelle von Kopernikus.

Brahe war Anhänger des auf den alten Griechen Ptolemäus zurückgehenden Geozentrismus. Der überzeugte Protestant Kepler hingegen verteidigte das heliozentrische Weltsystem mit der Sonne, statt der Erde, als Mittelpunkt allen Daseins. Als Brahe 1601 unerwartet verstarb, wurde Kepler zu seinem Nachfolger und zum kaiserlichen Mathematiker ernannt.

Das trotzdem sehr entbehrungsreiche Leben von Kepler ist bezeichnend für seine Epoche, während der sich der konfliktreiche Übergang in die Neuzeit vollzog. Zugleich ist es typisch für den Renaissance-Menschen, gegen den Widerstand der Obrigkeiten und trotz widrigster Lebensumstände an seinen Überzeugungen festzuhalten und deshalb großartige Erkenntnisse liefern zu können.

Kepler steht in der Wissenschaftsgeschichte an einer Stelle, an der sich die rationale Suche nach der Wahrheit ohne Mystik und

Götter langsam durchsetzt. So postulierte er auch, dass die Planeten von einer von der Sonne ausgehenden physikalischen Kraft statt von den Göttern auf ihren Bahnen gehalten wurden.

Kepler kam als Frühchen mit angeborenem Augenleiden und Anfälligkeiten für allerlei Krankheiten zur Welt. Zunächst blieb er hinter seinen Klassenkameraden zurück – er brauchte fünf statt drei Jahre, um die Lateinschule in Leonberg zu absolvieren. Seine Schwierigkeiten entfachten allerdings seine Motivation, sich in der Mathematik und Astronomie zu beweisen. Neben diesen beiden Fächern studierte er Theologie und Philosophie.

Die Umstände seines Wirkens blieben jedoch zeit seines Lebens alles andere als rosig. Als Kepler 1600 nach Prag übersiedelte, wütete in Europa noch immer die Inquisition, protestantische Geistliche und Gelehrte wurden im Zuge der Gegenreformation verfolgt. Der Astronom Giordano Bruno landete unter anderem wegen seiner Verteidigung des kopernikanischen Weltbilds auf dem Scheiterhaufen.

Kepler selbst sah sich aus politischen Gründen gezwungen, eine Anstellung als Mathematiker in Graz aufzugeben und sein ganzes Hab und Gut zurückzulassen. In einem weiteren Unglücksjahr, 1611, als seine Frau an Fleckfieber und sein sechsjähriger Sohn an Pocken verstarben, stellte er in seinem Werk ›Dioptrice‹ eine neue Theorie der Optik vor, mithilfe derer das für die damalige Zeit leistungsstarke »Kepler'sche Fernrohr« gebaut werden konnte.

Die drei Kepler'schen Gesetze

1. Planeten bewegen sich auf Ellipsen, in deren einem Brennpunkt die Sonne steht.
2. Die Verbindungslinie Planet-Sonne überstreicht in gleichen Zeiten gleiche Flächen (d.h. ein Planet bewegt sich in Sonnennähe schneller).
3. Die zweiten Potenzen (Quadrate; x^2) der Umlaufzeiten der Planeten verhalten sich wie die dritten Potenzen (Kuben; y^3) ihrer mittleren Entfernung zur Sonne.

Zwischen 1617 und 1620 musste er darum kämpfen, dass seine inhaftierte Mutter nicht der Hexenverbrennung zum Opfer fiel. Zwischenzeitlich hatte er eine Stelle in Linz angenommen, wo 1626 seine gesamte Bibliothek wegen ihres vermeintlichen »ketzerischen« Inhalts beschlagnahmt und seine wissenschaftlichen Arbeiten zum Teil vernichtet wurden. 1618 hatte im Zuge der Reformationsbewegung überdies der 30-jährige Krieg begonnen. Das wiederum hatte zur Folge, dass die Kassen, aus denen Kepler eigentlich bezahlt werden sollte, zu Kriegskassen wurden.

Auch weil er im Laufe der Jahre aus zwei Ehen insgesamt 17 Kinder zu ernähren hatte, blieb Kepler bis zu seinem Tod rastlos. 1628 verschlug es ihn ins schlesische Sagan, wo er Herzog Albrecht von Wallenstein als Hofastrologe dienen sollte. Doch auch dieser blieb ihm das Honorar schuldig. Kepler machte sich deshalb auf eine beschwerliche Reise nach Regensburg, um sein Geld direkt von Kaiser Ferdinand II. einzufordern. Doch dazu sollte es nicht mehr kommen: Kurz nach seiner Ankunft in Regensburg verstarb Kepler am 15. November 1630 als betrogener Sternenforscher.

Man fragt sich, wo Kepler trotz aller Schicksalsschläge die Kraft für seine brillanten wissenschaftlichen Arbeiten hernahm und darüber hinaus sogar die Zeit fand, seinen Science-Fiction-Roman ›Mondtraum‹ zu schreiben, der von einer Reise zum Mond handelte.

Galileo Galilei (1564–1642)

Im Zeitalter der Renaissance war Galileo Galilei einer der präzisesten Analytiker von Vorgängen, die sich in der Natur abspielten. Er postulierte, dass viele, wenn nicht sämtliche physikalischen Phänomene mit mathematischen Formeln beschrieben werden konnten. Angetrieben vom Ehrgeiz, diese Formeln zu liefern, ebnete er den Weg für das Zeitalter der exakten Naturwissenschaften.

Galileo Galilei

Galilei wurde 1564 als Sohn eines Komponisten und Musiktheoretikers im italienischen Pisa geboren. Wohl behütet studierte er in seiner Heimatstadt Medizin, Mathematik und Astronomie. Schon in jungen Jahren zog er öffentliche Aufmerksamkeit auf sich – nicht zuletzt, weil er seine naturwissenschaftliche Neugier zur Erfindung praktischer Technologien nutzte.

Mit 22 Jahren baute er eine hydrostatische Waage, später erfand er eine Art Rechenschieber, ein Thermometer, und er verbesserte den Kompass. 1589 erhielt er seine erste Mathematikprofessur in Pisa, ab 1592 lehrte und forschte er in Padua, bevor er 1610 einem Ruf als Hofmathematiker und Hofphilosoph nach Florenz folgte. Seine Karriereleiter zeigte (zunächst) steil nach oben.

Bekannt ist uns Galilei vor allem, weil er den ersten mit eigenen Augen zu erkennenden Beweis für die Richtigkeit des heliozentrischen Weltbilds von Kopernikus lieferte. Dafür hatte er 1609 eigens ein Fernrohr konstruiert. Dass er bei dessen Präsentation in Venedig prahlte, es sei seine eigene Erfindung, passte zu seinem mitunter aufschneidenden Charakter. Die Gelehrten waren dennoch so angetan von seinem »Hightech«-Gerät, dass sie prompt Galileis Professorengehalt erhöhten.

In Wirklichkeit war das »galileische Fernrohr« allerdings von einem holländischen Brillenmacher entwickelt worden. Es bestand aus einer konkaven Streulinse und einer konvexen Sammellinse. Galileis erstes Modell lieferte eine knapp zehnfache lichtstarke Vergrößerung – später gelang es, diese zu verdreifachen.

Galilei war der Erste, der das neue Fernrohr für die systematische Sternenforschung zum Einsatz brachte. Er konnte damit am 7. Januar 1610 erstmals die vier hellsten Monde des Jupiters in ihren Bahnen verfolgen und damit den Nachweis liefern, dass sich die Planeten tatsächlich auf Bahnen um die Sonne bewegten. Seine Beobachtungen präsentierte er im gleichen Jahr in seiner Schrift ›Sternenbotschaft‹. Er beobachtete auch den Mond und entdeckte im Folgejahr viele seiner Krater und Täler, auf der Sonne stellte er sich ständig verändernde Flecken fest. Er mutmaßte, dass der Unterschied zwischen Himmel und Erde doch nicht so gravierend sein konnte, wie es die Pfarrer von ihren Kanzeln herab predigten. Dadurch geriet er in immer offeneren Widerstreit mit der katholischen Kirche.

> »Das Buch der Natur kann man nur verstehen, wenn man vorher die Sprache und die Buchstaben gelernt hat, in denen es geschrieben ist. Es ist in mathematischer Sprache geschrieben, und die Buchstaben sind Dreiecke, Kreise und andere geometrische Figuren, und ohne diese Hilfsmittel ist es menschenunmöglich, auch nur ein Wort davon zu begreifen.«
> *Galileis Würdigung der Mathematik in ›Il Saggiatore‹ von 1623*

Die Kirchenväter ermahnten Galilei nach der Lektüre seiner ›Sternenbotschaft‹ zunächst, die kopernikanische Lehre mit der Sonne im Zentrum des Kosmos als »Irrtum« zu bezeichnen, doch

Galilei ließ sich davon wenig beeindrucken. Man ließ ihn noch eine Weile unbehelligt weiter forschen. Schließlich wurde er von Papst Urban VIII. in die Schranken verwiesen.

Ein Inquisitionstribunal in Rom verurteilte ihn 1633 zu unbefristeter Haft, die er bis zu seinem Tode 1642 in seinem Landhaus in Arcetri bei Florenz verbrachte. Seine Arbeiten wurden auf den Index verbotener Schriften gesetzt. Nachdem er dem Heliozentrismus offiziell abschwören musste, soll er »Und sie [die Erde] bewegt sich doch!« ausgerufen haben. Doch das ist sehr wahrscheinlich eine Legende.

Neben seinen kosmologischen Untersuchungen schuf Galilei bedeutende Grundlagen der Physik – insbesondere der Mechanik. So studierte er den Fall und die Wurfbahnen von Objekten, was die Legendenbildung um seine Person weiter anspornte: Richtig ist, dass er der Lehre von Aristoteles widersprach, nach der schwere Objekte schneller zur Erde fallen als leichte. Unwahr ist hingegen, dass er, um zu dieser Erkenntnis zu gelangen, allerlei Dinge vom schiefen Turm in Pisa herabfallen ließ.

Vielmehr brauchte es einige Jahre, um zur richtigen Einsicht zu gelangen, die wir als Fallgesetz kennen: dass in einem Vakuum ohne Luftwiderstand alle Körper gleich schnell fallen. Galilei ermittelte, dass die Fallgeschwindigkeit mit der Zeit zunimmt. Nach dem Studium der Flugbahn nach Steinwürfen führte er zudem die Parabel als neue Funktionskurve ein. Hierbei soll ihm wirklich die Architektur seiner Wirkstätte Pisa geholfen haben. Es heißt, Galilei habe im großen Dom zu Pisa die Leuchter, die von der Decke herabhingen, beobachtet und dabei seine Theorie der Pendelbewegung entwickelt.

1638 veröffentlichte er sein für die weitere Entwicklung der Physik wichtigstes Werk ›Discorsi‹, zu Deutsch: ›Unterredungen und mathematische Demonstrationen über zwei neue Wissenszweige, die Mechanik und die Fallgesetze betreffend‹.

Bei anderen physikalischen Fragen musste Galilei passen. Er bezweifelte zwar, dass sich das Licht unendlich schnell ausbreitet und dachte sich ein Experiment aus, um diese These zu widerlegen: Er und sein Assistent stellten sich im Abstand von ein paar Hundert Metern auf Hügel, beide führten eine abdunkelbare Laterne mit sich. Galilei ließ seine Laterne aufblitzen, und sein Assistent sollte sofort mit einem eigenen Lichtblitz antworten. Da das Licht aber vom einen zum anderen Hügel nur ein paar Millionstel Sekunden brauchte, war es Galilei lediglich möglich, die Reaktionszeit seines Assistenten zu messen.

Der große Sternenforscher kam auch postum immer wieder aufs Neue zu Ehren. Bertold Brecht würdigte ihn mit seinem Theaterstück ›Das Leben des Galilei‹. Rund 380 Jahre nach der Entdeckung der Jupitermonde startete im Oktober 1989 die NASA-Raumsonde mit seinem Namen ihren Flug zu ihrer Erforschung. Ende 1995 erreichte »Galileo« Jupiter und schickte hochaufgelöste Bilder zur Erde. Zwischenzeitlich wurde Galilei 1992 vom Vatikan rehabilitiert. Das neue europäische System zur Satellitennavigation, das neben dem bekannten GPS-System etabliert werden soll, trägt ebenfalls seinen Namen.

Isaac Newton (1643–1727)

Isaac Newton war kaum mehr als zwanzig Jahre alt, als er 1664 zum ersten Mal die Blicke der Wissenschaftswelt auf sich zog und sein mathematisches Verfahren der »Fluxionsrechnung« vorstellte – ein Vorläufer der heutigen Infinitesimalrechnung (auch als Integral- und Differentialrechnung bekannt). Gleichzeitig stellte der als trocken und humorlos geltende Emporkömmling unter Beweis, dass er extrem biestige Züge an sich hatte: Er entfachte einen bitteren Streit mit Gottfried Wilhelm Leibniz, der mathematische Arbeiten zum selben Thema vorgelegt hatte. Newton denunzierte Leibniz über Jahre zu Unrecht als Plagiator.

Isaac Newton

Doch die Zeiten waren hart im England des ausgehenden 17. Jahrhunderts. In den unteren Schichten herrschte unsägliche Armut, während sich mit dem Entstehen des britischen Commonwealth der Aufbruch in ein neues Zeitalter anbahnte. Als England 1665 von der Pest heimgesucht wurde und ein Jahr später London durch das »große Feuer« verwüstet wurde, zog sich Newton für zwei Jahre auf den elterlichen Bauernhof in Woolsthorpe zurück. Viele seiner späteren Leistungen haben ihre Wurzeln in jener Zeit.

In der Abgeschiedenheit widmete sich Newton verstärkt der Optik, und er begann damit, seine Farbenlehre zu entwickeln. Mit einem einfachen Glasprisma zerlegte er das weiße Sonnenlicht in sieben Spektralfarben – er notierte sich diese als Rot, Orange, Gelb, Grün, Blau, Indigo und Violett. Offenbar fasziniert von der Zahl Sieben stellte er im Anschluss eine »unphysikalische« Verbindung zur siebenteiligen Musiktonleiter her.

An diesen wie anderen Interpretationen zeigte sich, dass Newton auch einen Hang zu Mystik und eine ausgeprägte Neigung für die Alchemie hatte, die zu seinen Lebzeiten in England blühte. (Newton soll sogar an einer Vergiftung durch Quecksilber gestorben sein, eine der alchemistischen »Ursubstanzen«.) Doch Newton fand immer wieder den Weg zurück zu den exakten Wissenschaften: Aufbauend auf seinen Lichtstudien gelang es ihm 1668, ein neuartiges Spiegelteleskop zu entwickeln, um die Farbfehler der alten Linsenfernrohre zu verkleinern.

Derweil hatte sich Newton vor allem der Himmelsmechanik gewidmet, was ihn zu den bedeutendsten wissenschaftlichen Erkenntnissen seiner Zeit führte, die mit dem Begriff »mechanisches Weltbild« zusammengefasst werden. Newton untermauerte die Kepler'schen Thesen, nach denen sich die Planeten auf elliptischen Bahnen um die Sonne drehen. Er führte dies auf eine gegenseitige Anziehung der Himmelskörper zurück. Nach seinem 1666 formulierten Gravitationsgesetz ziehen sich zwei Körper in Abhängigkeit ihrer Massen, ihres gegenseitigen Abstands und einer Universalkonstante mit einer bestimmten Kraft an. Diese Anziehungskraft wirkt über unbegrenzte Distanz und gilt im Himmel wie auf Erden.

Nach dem Gravitationsgesetz ziehen sich zwei Körper in Abhängigkeit ihrer Massen (m_1, m_2), ihres gegenseitigen Abstands (r) und der Universalkonstante (G) mit einer bestimmten Kraft (F) an:

$$F = G \frac{m_1 + m_2}{r^2}$$

Mithilfe dieser Theorie lassen sich bis heute alle möglichen Anziehungskräfte berechnen: jene, die der Erdkörper auf einen Apfel ausübt, weshalb er zu Boden fällt, ebenso wie die Kräfte, die zwischen den Himmelskörpern wirken und dafür sorgen, dass die Planeten auf ihren elliptischen Bahnen bleiben.

Als wichtigstes Werk der Physikgeschichte erschienen 1687 seine ›Mathematische Prinzipien der Naturlehre‹, kurz ›Principia‹, in dem er seine im ganzen Universum geltenden Gravitations- und Bewegungsgesetze erklärte. Der englische Mathematiker hatte zuvor weitere Eigenschaften von Massen erkannt, zum Beispiel ihre Trägheit.

Hier widersprach er Aristoteles, der davon ausgegangen war, dass ein Objekt, das sich bewegte, ständig angetrieben werden musste – und zwar umso stärker, je schneller es war. Diese Vorstel-

Nach heutiger Kalenderrechnung erblickte Isaac Newton im Januar 1643 im Dorf Woolsthorpe in der englischen Grafschaft Lincolnshire als Sohn eines Bauern das Licht der Welt (nach dem bis 1752 in England gültigen julianischen Kalender an Weihnachten 1642). 1661 begann er, an der Universität Cambridge zu studieren. Acht Jahre später wurde ihm dort eine Mathematikprofessur angeboten, die er bis 1701 behielt. Er bekleidete weitere hochrangige Positionen. Ab 1699 wirkte er als Vorsitzender der Königlichen Münzanstalt, von 1703 bis zu seinem Tod als Präsident der Royal Society of London, 1705 wurde er zum Sir geadelt. 1727 verstarb Newton 85-jährig im Londoner Stadtteil Kensington.

lung schien Newton wenig geeignet, die kontinuierliche und »antriebslose« Bewegung der Planeten zu erklären. Er betrachtete die Himmelskörper stattdessen als träge Massen, die immer in ihrem Bewegungszustand verharren, solange keine neuen Kräfte auf sie einwirken. Ein Körper bleibt demnach in Ruhe, bis man ihn durch äußere Kraft in Bewegung setzt. Ist er einmal in Bewegung, bewegt er sich mit konstanter Geschwindigkeit geradlinig weiter, bis man ihn bremst, beschleunigt oder ablenkt.

Dieses erste Axiom der Newton'schen Bewegungsgesetze (das so genannte »Trägheitsgesetz«) geht natürlich von vereinfachten Voraussetzungen aus, in denen es keine Bremswirkungen infolge von Reibung durch Luft oder Materie gibt. Deshalb fällt es bis heute vielen schwer, dieses der Intuition widersprechende Gesetz zu begreifen. Ein Bauer, der sich damals mühte, seinen Pflug durch den Acker zu ziehen, hätte sich gewünscht, dass dieser sich immer weiter geradeaus bewegte, sobald er ihn einmal angeschoben hatte.

Die beiden weiteren Axiome der Newton'schen Bewegungsgesetze besagen, dass es eine direkte Proportionalität von Kraft und Beschleunigung gibt und dass eine Kraft immer eine Gegenkraft der gleichen Größe erzeugt. Daher stammt der auch in persönlichen Streitereien mitunter gerne genutzte Ausdruck »Action = Reaction«.

Newtons Arbeiten bedeuteten einen Quantensprung der Wissenschaften. Er konnte zeigen, dass es im Himmel genauso physikalisch zugeht wie auf der Erde, und er beschrieb die Physik des Weltalls mit denselben Formeln, die auf der Erde galten. Die von ihm geschaffene Mechanik wurde erst Anfang des 20. Jahrhunderts durch die Einstein'sche Relativitätstheorie modifiziert.

Antoine Lavoisier (1743–1794)

Im wirklichen Berufsleben war Antoine Laurent de Lavoisier Geldeintreiber in Paris. Mit dem Vermögen seines Vaters hatte er sich 1768 in den Stand der Zoll- und Steuereintreiber eingekauft, die umfangreichen Einkünfte, die er aus dieser Tätigkeit bezog, steckte er großteils in sein Hobby: die Chemie, der er sich nur in den frühen Morgen- und den späten Abendstunden widmen konnte.

Angespornt von der Präzision, die bereits in der Physik vorherrschte, machte er sich daran, auch die Chemie als eine exakte Naturwissenschaft anzusehen. Dabei hatte er große Hürden zu überwinden, denn tonangebend waren zu seiner Zeit die Alchemisten, die Schwefel, Quecksilber und Salz für die drei Ursubstanzen hielten, mit denen sie seit Jahrhunderten unter anderem versuchten, den »Stein der Weisen« herzustellen – eine Substanz, mit der es gelingen sollte, Edelmetalle wie Gold und Silber zu gewinnen. Entgegen stand Lavoisier außerdem die antike griechische Schule, die mit der Renaissance in Europa wiederbelebt worden war und die davon ausging, dass Feuer, Erde, Wasser und Luft die vier Grundelemente von Materie und Geist waren.

Die bedeutendste Leistung von Lavoisier war die Einführung des Wiegens als quantitative Messmethode, mit der er die Chemie wahrhaft revolutionierte. Er formulierte das bis heute gültige Grundprinzip »Nichts vergeht, nichts entsteht« und widerlegte da-

Antoine Lavoisier und seine Frau Marie Anne Pierette im Jahr 1787.

mit die ebenso populäre »Phlogiston-Theorie«, nach der alle brennbaren Materialien einen mysteriösen Stoff namens Phlogiston enthielten, der beim Verbrennen verloren ging.

Lavoisiers Erkenntnis gingen unzählige Versuche mit aufwändig konstruierten Messapparaten voraus: 1764 erhitzte er mineralischen Gips, um festzustellen, dass das freigesetzte Wasser, das er aufgefangen hatte, mengenmäßig exakt mit der Menge des Wassers übereinstimmte, welches er zum Anrühren des Gips verwendet hatte. Später fand er durch systematisches Rühren, Erhitzen, Verbrennen und Wiegen heraus, dass bei diesen Vorgängen auch Gase freigesetzt werden konnten, die ein bestimmtes Gewicht aufwiesen.

Ebenso bemerkte er, dass sich die benutzten Stoffe neu untereinander oder mit der umgebenden Luft verbinden konnten.

1783 zeigte er, dass Wasser aus Wasserstoff und Sauerstoff besteht, womit er die antike Theorie der vier Grundelemente ein für alle Mal erledigte. Er notierte: »Wasser ist keine einfache Substanz; es ist Gewicht für Gewicht zusammengesetzt aus brennbarer Luft und Lebensluft«, wie er den Wasserstoff zunächst noch nannte. Lavoisier führte im Laufe seines Schaffens die Begriffe »Element«, »Säure«, »Base« und »Salz« ein und erstellte eine Liste mit wesentlichen chemischen Elementen der bis heute aktuellen anorganischen Nomenklatur. Seine umfassenden Erkenntnisse veröffentlichte er im Revolutionsjahr 1789 in seinem Werk ›Traité élémentaire de chimie‹ (System der antiphlogistischen Chemie).

Kurz darauf sollte ihm aber sein Hauptberuf zum Verhängnis werden. Nach der Französischen Revolution begannen sich die neuen Machthaber an den Vertretern des alten Regimes zu rächen. Lavoisier, der sich als Steuereintreiber reichlich Feinde gemacht hatte, wurde verhaftet, sein Laboratorium zerstört. Im Mai 1794 wurde er mit gerade 50 Jahren hingerichtet.

»Eine Sekunde brauchen sie nur, um seinen Kopf zu nehmen, vielleicht werden hundert Jahre vergehen, bis ein ähnlicher wieder wächst.«
Kommentar des französischen Mathematikers Joseph Lagrange zum Guillotine-Tod von Antoine Lavoisier 1794

Pierre Simon Laplace (1749–1827)

Mit 18 Jahren begann der in Beaumont en Auge in der französischen Normandie geborene Pierre Simon Laplace seine Gelehrtenlaufbahn an der heimischen Artillerieschule. Sein mathematisches und physikalisches Talent und sein Interesse an der Politik drangen rasch nach Paris vor. So vermischten sich alsbald neue Studien- und Professorenämter mit hochrangigen politischen Positionen: Laplace wurde 1799 unter Napoleon Bonaparte Innenminister und 1803 Kanzler des französischen Senats. 1804 wurde er zum Grafen, 1817 zum Marquis de Laplace geadelt.

Das politische Engagement des Bauernsohnes tat seiner Wissenschaftlerkarriere keinen Abbruch. Im Gegenteil, suchte Laplace doch im Zuge der Französischen Revolution von 1789 in der Politik wie bei der Forschung nach neuen Ufern. Wenngleich ihn einige Zeitgenossen als Opportunisten bezeichneten, weil er vier politische Systeme in den wirren Revolutionszeiten unbeschadet überstehen konnte: Laplace strebte danach, den rasanten gesellschaftlichen Wandel im wahrsten Sinne des Wortes aufklärerisch mitzugestalten.

So präsentierte er zwischen 1799 und 1825 mit seiner fünfbändigen Abhandlung ›Himmelsmechanik‹ eines der bedeutendsten naturwissenschaftlichen Werke der Weltgeschichte. Seine dynamische Lehre über die Gezeiten (der Newtons Gravitations- und Bewegungsgesetze zu Grunde lagen) und seine Studien der Bahnen des Erdmondes und anderer Planeten waren wegweisend für zeitgenössische Denker.

Laplace lieferte bedeutende Erkenntnisse zur Wahrscheinlichkeitstheorie und zur mathematischen Physik, er erbrachte zudem erstmals einen Nachweis für den dauernden Bestand unseres Sonnensystems. Dank seiner genialen Theorien konnte er damit auch jene Gemüter beruhigen, die davon ausgingen, dass der Mond in absehbarer Zeit auf die Erde prallen und alles Leben auslöschen würde. Laplace war wie ein Virtuose auf der Klaviatur der Gestirne: Er war in der Lage, die Position jedes Planeten zu jedem beliebigen Zeitpunkt anzugeben.

Den politisch wie philosophisch wichtigsten Meilenstein bei der Entwicklung eines neuzeitlichen Menschen- und Weltbilds setzte er mit seiner 1796 postulierten »Laplace'schen Nebulartheorie«.

Pierre Simon Laplace

Ähnlich wie sein Zeitgenosse Immanuel Kant folgerte er, dass sich die Sonne aus einem gigantisch großen, rotierenden Gasnebel gebildet hatte. Damit setzte sich zu Beginn des 19. Jahrhunderts eine erste plausible naturwissenschaftliche Theorie über die Entstehung unseres Sonnensystems durch: Sie postuliert die Zusammenballung von Staub, der lange zuvor bei Sternenexplosionen in den Raum geschleudert worden war.

Die auch als »Kant-Laplace-Theorie« bekannt gewordenen Thesen sind bis heute weitgehend gültig. Laplace vollendete eine ganze Epoche, die im 15. Jahrhundert mit der Renaissance und dem Sternenforscher Nikolaus Kopernikus begonnen hatte und während der die Himmelsmechanik systematisch erkundet und der Erde ihr gebührender Platz im Universum zugeteilt wurde.

Die Vorstellung, dass sich die Sonne auf Grundlage immer schneller rotierender Gaswolken gebildet hatte, stieß Laplace sogar auf das Phänomen der »schwarzen Löcher« – Sterne von so unglaublich hoher Masse und Dichte, dass ihre immensen Anziehungskräfte selbst ihr Licht verschlucken können.

Er stellte Berechnungen an, wie groß die Sonne sein müsste, um ihr eigenes Licht aufzusaugen. Doch dies schien Laplace selbst so abenteuerlich, dass er seinen Thesen nicht weiter nachging. Es sollte noch mehr als hundert Jahre dauern, bis die »schwarzen Löcher« durch Albert Einstein wieder entdeckt wurden.

Carl Friedrich Gauß (1777–1855)

Der im April 1777 in Braunschweig als Sohn eines Gassenschlächters geborene Carl Friedrich Gauß zeigte schon als Schüler, wonach er strebte: Als die Aufgabe gestellt wurde, alle Zahlen von 1 bis 100 zu addieren, fiel ihm anhand der aufnotierten 50 Zahlenpaare mit der Summe 101 (1+100, 2+99, 3+98 usw.) die simple Formel 50x101 ein. Im Handumdrehen hatte er mit 5050 das richtige Ergebnis. Als Stipendiat an der Universität Göttingen löste er 1796 ein seit über zwei Jahrtausenden bekanntes mathematisches Problem: Er bewies, dass sich ein Siebzehneck mit Zirkel und Lineal konstruieren lässt.

So ging es weiter. In seiner Dissertation stellte er 1799 den vollständigen Beweis des Fundamentalsatzes der Algebra auf: Dabei geht es um die prinzipielle Lösbarkeit bestimmter mathematischer Gleichungen. Und mit seinem Buch ›Untersuchungen über höhere Arithmetik‹ von 1801 begründete er die Zahlentheorie als eigenständige mathematische Disziplin. Gauß war damals gerade 24 Jahre jung, er gilt als der größte Mathematiker aller Zeiten.

Dank seiner Rechenkünste vermochte er auch in der Physik und Astronomie Großartiges zu leisten. Beispielsweise bestimmte er Ende 1801 exakt die Position des wenige Monate zuvor aus den Linsen der Sternengucker verschwundenen Planeten Ceres. Nur drei Beobachtungsdaten benötigte er, um die Bewegungen von Himmelskörpern vorherzusagen.

Auch die Landvermessung profitierte von seinen Theorien. Von 1820 bis 1825 leitete Gauß die Vermessung des Königreichs Hannover (das große Teile des heutigen Landes Niedersachsen umfasste). Er legte »trigonometrische Punkte« fest, bevor er mit einem von ihm neu konstruierten Gerät (Heliotrop) ihre Abstände ermittelte und in Karten übertragen ließ. Als Dreieckspunkte dienten auch beschriftete Steinpfosten, die zum Teil noch heute als »Gauß-Steine« in der Landschaft stehen.

Die Liste der nach Gauß benannten Gesetze, Verfahren und Formeln ist schier endlos. Jahrzehntelang lächelte er uns vom 10-Mark-Schein an; daneben war seine berühmte Glockenkurve abgebildet, die auf seine grandiosen Verfahren zur Wahrscheinlichkeitsberechnung zurückgehen.

Gauß hatte aus erster Ehe zwei Kinder und litt sehr, als 1809 seine Ehefrau Johanna verstarb. Doch er heiratete ein zweites Mal, die Tochter eines Göttinger Professors, die drei weitere Kinder gebar. Seine Familie und die Abgeschiedenheit in Göttingen lagen ihm in einer Zeit der politischen Umbrüche und der wirtschaftlichen Not derart am Herzen, dass er sogar das Angebot von Wilhelm von Humboldt ablehnte, in Berlin seiner wissenschaftlichen Arbeit nachzugehen. Stattdessen ließ Gauß außerhalb Göttingens eine

Gauß' Porträt erschien auf dem 10-Mark-Schein der Deutschen Bundesbank. Bereits zuvor wurde er auf einer ihm zu Ehren geprägten Münze als »Princeps mathematicorum« (Fürst der Mathematik) ausgezeichnet.

neue Sternwarte bauen. Dort lebte und arbeitete er von 1816 an bis zu seinem Tode – die letzten Jahre allein, denn 1831 verstarb auch die zweite Ehefrau und die Kinder gingen ihre eigenen Wege.

In den späteren Jahren seines Schaffens entwickelte Gauß eine erste umfassende Theorie des Erdmagnetfelds. Er konnte darlegen, dass es im Inneren der Erdkugel erzeugt wird, und verwarf dabei Spekulationen anderer Forscher, nach denen tief im Erdreich ein gigantischer Stabmagnet aus Eisen verbuddelt sei. Gauß postulierte, dass das Erdmagnetfeld und die Entstehung eines Dipolfelds in Richtung Nord-Süd durch die Strömung von flüssigem Eisen im äußeren Erdkern erzeugt werden.

> »Der Mangel an mathematischer Bildung gibt sich durch nichts so auffallend zu erkennen wie durch maßlose Schärfe im Zahlenrechnen.«
> *Carl Friedrich Gauß*

Seine Theorie ist bis heute gültig. Wie genau dieser Prozess vonstatten geht, ist aber immer noch unklar. Die dahinterliegende Dynamik ist wohl am ehesten mit einem elektrischen Fahrraddynamo und der Rotation einer Spule in einem elektrischen Feld zu vergleichen.

Justus von Liebig (1803–1873)

Im Zuge der Industrialisierung im 19. Jahrhundert wurde es zusehends schwieriger, die breite Bevölkerung mit genügend Nahrung zu versorgen. Die Ackerböden waren ausgelaugt, außer alten Bauernregeln gab es kein exaktes Wissen darüber, wie Ernteerträge weiter erhöht werden konnten. Ernteabfälle, Kompost, Exkremente und alles, von dem man erfahrungsgemäß sagen konnte, dass es das Pflanzenwachstum irgendwie förderte, wurden auf die Felder gekippt – selbst erbärmlich stinkende Fischkadaver und phosphor-

und salpetersäurereicher Vogelkot (Guano) aus Peru. Doch all dies half nicht wirklich. Die Wissenschaft sollte einen Ausweg finden – angeführt vom deutschen Chemiker Justus Freiherr von Liebig.

Geboren wurde Liebig in Darmstadt, wo er schon früh mit der Chemie in Berührung kam. Sein Vater führte eine »Drogen- und Materialienhandlung« und mixte in einem kleinen Labor Lacke und Farben. Der so geweckte Experimentiereifer des Sohnes ließ diesen häufig die Schule schwänzen, weshalb ihm zunächst nichts anderes übrig blieb, als ohne Abitur eine Lehrstelle bei einem Apotheker in Heppenheim an der Bergstraße anzutreten.

Sein herausragendes Talent wurde jedoch rasch erkannt: Liebig erhielt die Zulassung zum Chemie-Studium in Bonn. Es folgte ein Studienaufenthalt in Erlangen, von wo aus er wegen seiner politischen Aufmüpfigkeit gegen die Autoritäten während der Revolutionsjahre in Deutschland nach Paris fliehen musste. 1821, im Alter von 21 Jahren, kam er dann auf Empfehlung Alexander von Humboldts zu seinem ersten Lehrstuhl an der Landesuniversität Gießen.

Von 1852 an forschte er auf Geheiß des Königs von Bayern als Chemie-Professor in München, wo er 1860 auch die Präsidentschaft der Bayerischen Akademie der Wissenschaften übernahm. Er starb 1873. Liebig bildete viele berühmte Chemiker aus, darunter Friedrich August Kekulé, der wichtige Grundlagen für die Kunststoffproduktion schuf.

Bereits 19-jährig wandte sich Liebig in seiner Doktorarbeit ›Über das Verhältnis der Mineralchemie zur Pflanzenchemie‹ dem Thema Pflanzenernährung zu. Wenngleich er vielseitig arbeitete (er entwickelte zum Beispiel neue Analyseverfahren und postulierte erstmals einen Kohlenstoffkreislauf in der Natur) und sich im Einvernehmen mit Humboldt auch um die Modernisierung der Lehre an den Universitäten bemühte (er führte das bis heute zum Leid vieler Ingenieurstudenten praktizierte Chemiepraktikum ein und betätigte sich vorbildlich als Wissenschaftspublizist), ließ ihn dieses Thema nicht mehr los. Bei Feldstudien und Stoffwechseluntersuchungen an Pflanzen und Tieren erkannte er, dass Böden in unterschiedlichem Maße spezifische Nährstoffe enthalten, die Pflanzen zum Wachstum benötigen, und dass die Chemie herausfinden konnte, wie ihr Wachstum gezielt zu fördern ist.

Die ersten Mixturen, mit denen Liebig auf dem Versuchsacker hantierte, brachten nicht das gewünschte Ergebnis, weil er die Bedeutung des Stickstoffs noch nicht erkannte. Doch auch dieses Geheimnis wurde gelüftet, und Liebig wurde zum Begründer der organischen Chemie und der modernen Agrarwissenschaften. Er ermöglichte die lang ersehnte Wende hin zu einer effizienten Landwirtschaft mit künstlich hergestellten Düngemitteln, die genau jene Stoffe enthalten, die Pflanzen brauchen und die sie dem Boden entziehen.

Liebigs Forscherkollege Emil von Wolff bemerkte, dass Nitrat- und Ammoniumsalze der eigentliche Motor des Pflanzenwachstums sind. Seither ist die Stickstoffverbindung Nitrat wichtigster Bestandteil von Düngemitteln. Leider kommt er nur an wenigen Stellen der Welt in größeren Mengen vor. Alexander von Humboldt entdeckte 1804 Lagerstätten des »weißen Goldes« in der chilenischen Atacama-Wüste. So kamen 1842 die ersten Kunstdünger in Deutschland in Form von Chile-Salpeter zum Einsatz.

Die deutschen Chemiker Fritz Haber und Carl Bosch entwickelten Anfang des 20. Jahrhunderts das »Haber-Bosch-Verfahren« zur künstlichen Herstellung der Stickstoffverbindung Ammoniak. Die BASF ließ das Verfahren 1910 patentieren, und die industrielle Herstellung von Stickstoffdünger begann. Sie wurde begleitet von Forschungsprojekten zur Bestimmung der optimalen Düngermengen für verschiedene Pflanzenarten bei unterschiedlichen Bodenbeschaffenheiten. Die weltweite Agrarproduktion konnte dadurch deutlich gesteigert werden.

»Die Chemie lehrt den Grund der Wirkung des Düngers und die Mittel kennen, durch welche die Fruchtbarkeit des Feldes wiederhergestellt wird. Dies ist die angewandte Chemie.«
Justus von Liebig in seiner Kolumne »Chemische Briefe«, die in der ›Augsburger Allgemeinen Zeitung‹ erschienen

Charles Robert Darwin (1809–1882)

Charles Darwins Evolutionstheorie, die er 1859 in seinem berühmten Buch ›Über die Entstehung der Arten im Tier- und Pflanzenreich durch natürliche Züchtung oder Erhaltung der vervollkommneten Rassen im Kampfe ums Dasein‹ öffentlich machte, löste eine revolutionäre Umwälzung in den Naturwissenschaften und in der Philosophie aus: Erblichkeit, Veränderlichkeit und natürliche Auslese setzte er an die Stelle deterministischer und kirchlicher Vorstellungen darüber, wie das Leben auf der Erde begonnen und wie es sich entwickelt hatte.

Die Evolution beruhte in Darwins Augen auf der Vermehrung aller Lebewesen (ob Tier oder Pflanze), auf der Variation ihrer Anlagen (die erst lange nach Darwin in den Genen lokalisiert wur-

Charles Darwin

den) und dem Prinzip der natürlichen Auslese, nach der sich diejenigen Arten, die sich unter den jeweils vorherrschenden Konkurrenzbedingungen am erfolgreichsten fortpflanzen, auf der Erde durchzusetzen vermögen.

Die Erstauflage seines epochalen Buches war bereits nach wenigen Stunden vergriffen. In seinem 1871 erschienenen Werk ›Die Abstammung des Menschen und die geschlechtliche Zuchtwahl‹ legte Darwin nach: Er stellte seine Theorie der geschlechtlichen Zuchtwahl vor und reihte den Menschen in die Stammesgeschichte der Tiere ein. Darwin postulierte, dass Menschen und Affen in grauer Vorzeit einen gemeinsamen Vorfahren hatten, was von Sigmund Freud als »zweite große Kränkung der Menschheit« bezeichnet wurde.

Dass Darwin die Welt förmlich aus den Angeln hob, passte eigentlich gar nicht zu seinem Naturell, das als zurückhaltend, schüchtern, mitunter wankelmütig und ständig kränkelnd überliefert wurde. Als fünftes Kind einer angesehenen Landarztfamilie war er im Februar 1809 im englischen Shrewsbury zur Welt gekommen. Sein Großvater, Erasmus Darwin, war als Naturforscher und Evolutionstheoretiker bereits zu Ruhm gekommen, der Enkel interessierte sich aber wenig für die Erfolgsgeschichten seiner Familie. Nach mühsamen Schuljahren begann er auf Druck des Vaters ein Medizinstudium in Edinburgh, um in dessen Fußstapfen zu treten. Doch auch hier zeigte der junge Darwin wenig Elan. Von den Krankheiten, die im Studium behandelt wurden, fühlte er sich angewidert, Operationen, die damals ohne Narkose durchgeführt wurden, konnte er nicht beiwohnen.

Darwin brach das Studium ab und wurde an die Universität nach Cambridge geschickt, um sich zum Geistlichen der Englischen Kirche ausbilden zu lassen. Er absolvierte das Theologiestudium zwischen 1828 und 1831, der Funke sprang aber auch hier nicht über. Darwin interessierte sich eher für Malerei und Musik sowie für die Geologie und Biologie – er begann damit, auf dem Campus Käfer und andere Insekten einzusammeln.

Die Route der »Beagle« von 1831 bis 1836.

In Cambridge traf Darwin mit zwei Gelehrten zusammen, die das schlummernde geistige Potenzial des gerade 20-jährigen erahnten und die für sein weiteres Leben von großer Wichtigkeit werden sollten: dem Geologen Adam Sedgwick und dem Biologen John Stevens Henslow. Letzterer war stets darum bemüht, das Selbstbewusstsein Darwins und dessen Erwartung an das eigene Leben zu steigern. Er zeigte ihm, wie man Insekten besser voneinander unterscheiden und eine ordentliche Sammlung anlegen konnte.

Sedgwick, der als Steine- und Fossiliensammler berühmt geworden war, wies ihn in die Grundlagen der Geologie ein. Beide ermöglichten es, dass Darwin gegen Ende seines Studiums eingeladen wurde, an Bord des englischen Forschungsschiffs »Beagle« eine Weltreise anzutreten. Dies sollte zum Wendepunkt seines Lebens werden.

Ende Dezember 1831 stach der Zweimastsegler »Beagle« von Plymouth aus mit 48 Passagieren in See. Darwin litt zunächst unter der Seekrankheit, konnte sie aber überwinden und entwickelte großen wissenschaftlichen Eifer. Auf der insgesamt fünf Jahre dauernden Reise studierte er die geologischen Formationen der verschiedenen Kontinente, sammelte zahlreiche Steine und Fossilien und untersuchte die unterschiedlichsten Tiere, auf die das Forscherteam traf, und dokumentierte seine Funde und Erkenntnisse akribisch.

Darwin ging der Frage nach, welche Kräfte ganze Berge, tiefe Schluchten und hohe Vulkane hervorbringen konnten. Auf den Galapagosinseln untersuchte er Spuren frischer Vulkanausbrüche. Auf diesen zehn Inseln, die von der Welt weit abgeschieden und auch weit voneinander entfernt im Pazifik liegen, sammelte er außerdem 14 Finkenarten, die äußerlich fast nur an ihren unterschiedlichen Schnabelformen auseinander zu halten waren. Offenbar hatten sich die unterschiedlichen Schnäbel über lange Zeiträume in Abhängigkeit der jeweiligen Nahrungsquellen der Vögel durchgesetzt. Wenig später sollte Darwin erkennen, wie bedeutungsvoll derlei Funde waren.

Im Oktober 1836 ging die »Beagle« im englischen Falmouth wieder vor Anker. Darwin begann damit, seine Funde auszuwerten. Bald darauf formulierte er seine ersten Ideen über die Wandelbarkeit der Arten. Kaum zwei Jahre später hatte er seine Evolutionstheorie bereits in groben Zügen skizziert. Doch aus Furcht, einen Sturm der Entrüstung auszulösen, entschied er sich zunächst, seine Erkenntnisse für sich zu behalten. Über 20 Jahre lang studierte er die Anatomie und Biologie von Pflanzen- und Tiergruppen, wobei seine Theorien immerzu bestätigt wurden.

1839 heiratete er seine Cousine Emma Wedgwood, mit der er zehn Kinder bekam, von denen allerdings drei schon jung starben. Erst 1857 entschied sich Darwin, seine

»Die Weltsicht eines jeden denkenden Menschen der westlichen Welt war nach 1859, dem Erscheinungsjahr von ›Über die Entstehung der Arten‹, notwendigerweise ganz anders als vor 1859.«
Bemerkung des hoch angesehenen deutsch-amerikanischen Biologen Ernst Mayr über Charles Darwins Hauptwerk

Erkenntnisse zu veröffentlichen – aber auch hier war Zufall im Spiel. Darwin lernte den Biologen Alfred Russel Wallace kennen, der unabhängig von ihm zu ganz ähnlichen Schlussfolgerungen gelangt war. Ein Jahr später erschienen die ersten Artikel über die Erkenntnisse der beiden. Darwin wurde zu Recht die Urheberschaft des Evolutionsgedankens zuerkannt, und wenige Monate später erschien sein Hauptwerk.

Die Reaktionen kamen prompt. Darwin wurde vor allem von Seiten der Kirche angegriffen. Papst Pius IX. antwortete 1864 mit einem Bannfluch gegen »80 Zeitirrtümer« – darunter die Evolutionstheorie. Doch Darwins Argumente waren so schlagkräftig, dass sie zum neuen Paradigma wurden. Zudem gab es hoch angesehene Befürworter seiner Thesen, beispielsweise den englischen Zoologen Thomas Huxley, der wegen seiner Hartnäckigkeit bei diesem Thema den Beinamen »Darwins Bulldogge« erhielt.

Seine verbleibenden Lebensjahre verbrachte Darwin damit, Details seiner Theorie zu verbessern. Als er 1882 starb, wurde sein Lebenswerk mit einer feierlichen Beisetzung im Westminster Abbey gewürdigt.

Johann Gregor Mendel (1822–1884)

Ein frommer und gottesfürchtiger Mönch aus Österreich sollte nach Darwins Evolutionstheorie die nächste große Hürde bei der Entschlüsselung des Lebens nehmen. Die Rede ist von Johann Mendel, geboren im Juli 1822 im nordmährischen Heinzendorf. Mendel entdeckte nach Kreuzungsexperimenten mit Gartenerbsen und Bohnen, dass es bei der Weitergabe bestimmter Pflanzeneigenschaften auf die nachfolgenden Generationen Gesetzmäßigkeiten gibt. Bis heute werden die daraus hervorgegangenen »Mendel'schen Vererbungsregeln« gelehrt.

Mendel-Statue vor dem Brünner Kloster.

Der Darwinismus seiner Zeit postulierte zwar auch schon die Vererbbarkeit von Eigenschaften, die Darwin'sche Lehre konnte aber nicht erklären, wie sich dieser Prozess vollzog. Mendel konnte diese Lücke ein Stück weiter schließen. Im Frühjahr 1865 präsentierte er seine Forschungsergebnisse erstmals auf Vorträgen, die ohne großes Echo blieben.

1866 erschien sein Artikel »Versuche über Pflanzenhybride« in der Fachzeitschrift ›Verhandlungen des Naturforschenden Vereins Brünn‹. Darin beschrieb er das Verhalten von sieben unterschiedlichen Merkmalen in Kreuzungen seiner Pflanzen ausführlich. Seit 1854 hatte er seinen Experimentieracker im Kloster immer wieder neu bestellt – 28 000 Pflanzen soll er nach etwa 355 gezielten Blütenstaub-Befruchtungen geerntet haben.

Lange hatte er ausprobiert, welche Gewächse sich am besten eigneten, um die Versuche durchzuführen. Herausfinden wollte er, wie es in der Pflanzenwelt selbst innerhalb einer Art zu einer solchen Vielfalt kommen konnte. Warum und woher stammten die verschiedenen Formen und Farben bei Äpfeln und Birnen, ihren Samen und Blüten? Als Sohn eines Landwirts hatte er also Fragen im Auge, die ihm vor allem für Gärtner und Züchter relevant erschienen.

Bei der statistischen Auswertung seiner Feldversuche fand er heraus, dass es nicht direkt die Eigenschaften der Elternpflanzen waren, die an die nachkommenden Pflanzengenerationen weitergegeben wurden, sondern die Anlagen für diese. Er betrachtete die Anlagen wie kleine Kärtchen, die in der Pflanze verborgen lagen. Sie ließen sich in verschiedenen Zusammensetzungen kombinieren, aber in ihrer Wirkung nicht vermischen. So waren Mendels Erbsensamen entweder runzelig oder glatt, aber nie nur stellenweise uneben. Die Blütenblätter waren weiß oder rot, aber nie rosa.

Die Anlagen schienen Mendel daher unveränderlich. Unabhängig voneinander vererbten sie sich nach einem Entweder-oder-Prinzip. Mendel fand aber auch heraus, dass es »dominante« Anlagen gab, die ein anderes Merkmal überdecken konnten.

Der Augustinermönch war von der Bedeutung seiner Forschungsergebnisse überzeugt, dennoch nahm drei Jahrzehnte lang kaum jemand Kenntnis davon. Das lag einerseits daran, dass Mendel außerhalb des expandierenden universitären Wissenschaftsbetriebs eher eigenbrötlerisch forschte, ohne sich einer bestimmten

Johann Mendel besuchte als Sohn eines Landwirts die Hochschule in Olmütz. 1843 trat er als Novize ins Augustinerkloster Brünn (heute Brno in Tschechien) ein, wo er später im Rahmen seiner Priesterweihe den Ordensnamen Gregor erhielt. Er unterrichtete in Brünn und Znaim, studierte ab 1851 in Wien Physik, Mathematik, Chemie und Biologie, verpatzte aber seine Abschlussprüfungen. 1868 wurde er zum Abt des Klosters Brünn ernannt.

Disziplin zugehörig zu fühlen. Andererseits wurden auch unberechtigte Zweifel laut, ob der Priester bei seinen Niederschriften nicht gemogelt hatte.

Erst zu Beginn des 20. Jahrhunderts wurden die Mendel'schen Regeln wieder entdeckt und von drei Biologen bestätigt, sie bilden die Grundlage der modernen Genetik. Heute wissen wir allerdings, dass es nur wenige äußere Merkmale, beispielsweise vererbbare Krankheiten gibt, die nach den einfachen Mendel'schen Vererbungsgesetzen weitergegeben werden, weil sie von einem einzigen Kärtchen (Gen) abhängen. Auch in der Landwirtschaft hinterließ Mendel tiefe Spuren: Seit dem späten 19. Jahrhundert konnten Landwirte und Züchter mithilfe gezielter Pflanzenkreuzungen ganz neue Pfade beschreiten.

Alfred Nobel (1833–1896)

Alfred Nobel ist wegen seiner Erfindung des Dynamits und wegen des jährlich vergebenen Nobel-Preises bekannt. Hinter seinem Namen verbirgt sich ein leidenschaftlicher Erfinder, der weltweit über 350 Patente besaß; ein gewiefter Geschäftsmann, der durch Beteiligungen an Ölgesellschaften und schwedischen Waffenfabriken steinreich wurde; ein überzeugter Pazifist, der vergeblich hoffte, dass Dynamit wegen seiner abschreckenden Wirkung Kriege verhindern könnte; und ein großzügiger Förderer der Naturwissenschaften, der schon zu Lebzeiten Preise für besondere Leistungen verlieh.

Geboren wurde Nobel in Stockholm in Schweden. Im Alter von neun Jahren zog seine Familie 1842 ins russische St. Petersburg, wo Nobels Vater eine leitende Position als Ingenieur in einer Maschinenfabrik angeboten wurde. Der erste Russlandaufenthalt sollte nur acht Jahre dauern: 1850 begann Nobel ein Chemiestudium in

Paris, er ging anschließend für einige Jahre in die USA. 1859 kehrte er zunächst nach St. Petersburg zurück, reiste dann weiter nach Schweden und begann dort, sein Firmenimperium aufzubauen.

Bis zu diesem Zeitpunkt hatte sich der Chemiker bereits intensiv mit dem Thema »Explosivität« beschäftigt. In Schweden gelang es ihm 1864, den leicht entzündbaren öligen Sprengstoff Nitroglyzerin, der 1847 erstmals von dem italienischen Chemiker Ascanio Sobrero hergestellt worden war, mit einer patentierten Kapsel Schwarzpulver zu koppeln und kontrolliert zur Explosion zu bringen. Aber schon kurze Zeit später wurde Nobel durch eine Tragödie angetrieben, in die Entwicklung modernerer Sprengstoffe zu investieren: Durch eine gewaltige Explosion wurde Nobels komplette Fabrik zerstört, fünf Menschen kamen dabei ums Leben, darunter Nobels jüngerer Bruder Emil.

Nobels Interesse galt fortan stabileren und leichter handhabbaren Sprengstoffen. Aber die Katastrophe hatte auch die schwedischen Behörden auf den Plan gerufen. Sie verweigerten Nobel die Erlaubnis, seine Fabrik wieder aufzubauen. So kaufte er einen Schleppkahn und richtete dort ein neues Forschungslabor ein. Wenige Monate später fand er heraus, dass Nitroglyzerin wesentlich sicherer zu verarbeiten war, wenn man es mit Kieselgur, einem Süßwassersediment aus Kieselalgen, vermischte und aus der Mixtur Stäbe formte: So erfand er 1866 das Gurdynamit. Die Erfindung wurde im Folgejahr unter der Bezeichnung Dynamit (*dynamis* heißt im Griechischen »Kraft«) patentiert und fand sofort reißenden Absatz – vor allem bei den Armeen der Welt, was Nobel sehr

In seinem Testament legte Nobel fest, dass die Zinsen aus dem Stiftungsvermögen, »als Preise denen zugeteilt werden, die im verflossenen Jahr der Menschheit den größten Nutzen geleistet haben«. Die Gelder sollten zu fünf gleichen Teilen in den Gebieten Physik, Chemie, Physiologie oder Medizin, Literatur und Friedenspolitik verteilt werden. Seit 1969 wird auch ein Preis für Wirtschaftswissenschaften verliehen, gestiftet von der schwedischen Reichsbank.

missfiel. Von 1867 bis 1876 stieg die Dynamitproduktion in den Nobelwerken um das 450-fache auf jährlich rund 5000 Tonnen. Auch der Tunnel-, Straßen-, Kanal- und Bergbau, die zuvor nur auf Muskelkraft und (im Verhältnis zum Dynamit) läppisches Schießpulver zurückgreifen konnten, wurden revolutioniert. Ohne Dynamit würde es heute viele Alpentunnel nicht geben, auch keinen Suez- oder Panamakanal. Allein beim Bau des Letztgenannten kamen 30 000 Tonnen Dynamit zum Einsatz.

Aus dem Hause Nobel folgte noch eine ganze Reihe weiterer neuer Sprengstoffkreationen (1876 Sprenggelatine; 1886 Ballisit) und nützliches Zubehör wie die Sprengkapsel, um den Umgang mit ihnen sicherer zu machen.

Nobel hinterließ ein Vermögen. In seinem Testament verfügte er die Gründung einer Stiftung, die jedes Jahr Auszeichnungen für besondere Leistungen im Bereich der Wissenschaften und der Friedensförderung vergeben sollte. So wurde die Nobel-Gesellschaft gegründet, die 1901 den ersten Nobelpreis verlieh.

James Clerk Maxwell (1831–1879)

Der schottische Physiker James Clerk Maxwell gilt als der wichtigste Wegbereiter der modernen Physik. Wie viele seiner Zeitgenossen faszinierte ihn die Ergründung des Lichts. Viele Forscher vor ihm hatten sich daran versucht, waren aber zu keinem befriedigenden Ergebnis gekommen. Newton mutmaßte, dass »Lichtstrahlen aus sehr kleinen Körpern bestehen, die von den leuchtenden Substanzen ausgesandt werden«. Christiaan Huyghens betrachtete Licht erstmals als eine dem Schall vergleichbare Wellenerscheinung, konnte dies aber nicht weiter begründen.

Maxwell sollte das Geheimnis lüften. Er musste gar nicht sehr lange über den Arbeiten anderer Physiker brüten, denen es gelungen war, die Kräfte des Magnetismus und der Elektrizität zu beschreiben und zu messen. Angespornt durch die These von Michael Faraday, nach der ein direkter Zusammenhang zwischen Strom und Magnetismus bestand, konnte Maxwell diese Verbindung erstmals nachweisen.

Er zeigte, dass sich aus einem Stromfluss beliebige Magnetfelder erzeugen und berechnen ließen und dass umgekehrt ein sich änderndes Magnetfeld Elektrizität hervorbrachte. Er postulierte daraufhin, dass Elektrizität und Magnetismus nur verschiedene Begriffe für ein und dasselbe Phänomen waren: elektromagnetische Wellen. Das war die Geburtsstunde des Elektromagnetismus, ohne den es heute weder Fahrraddynamos noch Radios oder Fernseher gäbe.

Seine umfangreiche Theorie, aus der die berühmten vier Maxwell-Gleichungen hervorgingen, präsentierte der junge Physiker erstmals 1862. Neu daran war, dass er auch das Licht zu den elektromagnetischen Wellen zählte – er sprach ihm nur eine höhere Schwingungsfrequenz zu. Mit diesem Modell schien es nun ebenfalls plausibel, dass das Sonnenlicht über Millionen von Kilometern durch den luftleeren Raum bis zur Erde strahlen konnte.

Maxwell konnte sogar die Lichtgeschwindigkeit (rund 300 000 km/sec), mit der sich alle elektromagnetischen Wellen fortbewegen, schon ziemlich exakt berechnen. Dass sich etwas physikalisch Messbares auch im Vakuum abspielen konnte, also da, wo es keine

Geniales brachte Maxwell auch auf anderem Gebiet hervor – beispielsweise in der Fotografie. Er knüpfte an der gängigen Dreifarbentheorie an, der zufolge sich aus Rot, Blau und Gelb alle Farbnuancen mischen lassen, und baute sich drei entsprechende Farbfilter, die er nacheinander vor eine Kameralinse schnallte. Er fotografierte damit ein ruhendes Objekt. Nach der Entwicklung des Films projizierte er die drei Diapositive jeweils wieder über einen Filter deckungsgleich übereinander und war so 1861 als Erster in der Lage, der Welt ein Farbfoto zu präsentieren: das Abbild eines bunten Schottenrocks.

Luft oder irgendeinen anderen Stoff gab, der als »Träger« hätte fungieren können, galt zuvor als undenkbar. Die Grundlagen der Elektrodynamik erklärte James Clerk Maxwell in seiner berühmten ›Abhandlung über Elektrizität und Magnetismus‹ von 1873.

Zudem begründete Maxwell die kinetische Gastheorie: Zeitgenössische Physiker gingen schon davon aus, dass Gase und Flüssigkeiten aus Atomen und Molekülen bestanden. Maxwell jedoch erkannte, dass es die Bewegung dieser Moleküle war, die Wärme und Hitze erzeugten. Doch damit nicht genug: 1859 erklärte er, dass verschiedene Moleküle in einem Gas mit ganz unterschiedlicher Geschwindigkeit umherschwirren konnten und dass sich dafür ein statistischer Mittelwert berechnen ließ – die nach ihm benannte »Maxwell-Verteilung«. Entscheidend weiterentwickelt wurden Maxwells Arbeiten von dem österreichischen Physiker Ludwig Boltzmann. Beider Arbeiten bildeten an der Wende zum 20. Jahrhundert einen Ausgangspunkt für die Entwicklung der Relativitätstheorie durch Albert Einstein.

Maxwell war im Übrigen der einzige Nachkomme einer wohlhabenden schottischen Familie. Er wurde in Edinburgh geboren, und mit einer Körpergröße von gerade mal 1,60 Meter war er ein kleiner Mann. Zu seiner schwächlichen Statur passte sein zurückgezogenes Leben. Er hatte wenig Interesse am Zeitgeschehen, Zeitung lesen soll er als Zeitverschwendung bezeichnet haben. Selbst der Lehre widmete er sich nur widerwillig. Nach Professuren in Aberdeen und London lebte Maxwell ab 1856 mit seiner Frau kinderlos auf dem riesigen väterlichen Landgut Glenlair. 1871 wurde er noch einmal nach Cambridge berufen – zu verlockend war das Angebot, dort den neu gegründeten und bestens ausgestatteten Lehrstuhl für Experimentalphysik zu übernehmen.

Maxwell wurde sogar einmal zur Königin nach London gerufen, um den (vergeblichen) Versuch zu unternehmen, ihr zu erklären, was ein Vakuum ist. Trotz seiner Genialität hat sein Werk während seines kurzen Lebens nur wenig Anerkennung gefunden. Maxwell verstarb im Alter von 48 Jahren in Cambridge an Magenkrebs.

Marie Sklodowska Curie (1867–1934)

Die Chemikerin und Physikerin Marie Curie wurde 1867 in Warschau geboren. Ihr richtiger Vorname war Marya, ihr polnischer Mädchenname Sklodowska. Marie hatte vier Geschwister, ihr Vater war Lehrer, die Mutter leitete eine Mädchenschule. Sie zeigte von früh an großes schulisches Talent, das Gymnasium absolvierte sie als Jahrgangsbeste.

Doch das Warschau der Jahrhundertwende unter starkem russischen Einfluss konnte der jungen Frau wenig bieten, um ihr Interesse an den Naturwissenschaften zu befriedigen. Neben einer Tätigkeit als Hauslehrerin in feinem Hause studierte Marie Curie an einer so genannten »fliegenden« Universität, die von der Regierung als illegal betrachtet wurde und die über keine festen Räumlichkeiten verfügte, um sich den Behörden zu entziehen.

Schon 1891, im Alter von 24 Jahren, kehrte Marie Sklodowska ihrer politisch unruhigen Heimat den Rücken und siedelte nach Paris über. Sie ließ sich dort bei ihrer Schwester nieder, um an der Sorbonne Chemie, Physik und Mathematik zu studieren.

Marie Curie

Ihre steile Wissenschaftlerlaufbahn begann nach dem Abschluss des Studiums als Doktorandin des Physikers Antoine Becquerel, der 1896 bei der Untersuchung von Uranverbindungen eine unbekannte Strahlung festgestellt hatte. Sie machte sich u. a. durch Schwärzung von fotografischen Platten bemerkbar. Die 29-jährige Marie Curie, die ein Jahr zuvor den Physiker Pierre Curie geheiratet hatte, machte sich daran, diese neue Art der Strahlung zu untersuchen. Von Anfang an ging sie davon aus, dass sie sich auch bei anderen Elementen nachweisen lassen würde. Sie konnte nicht bloß die Eigenschaft eines einzigen Elements sein. Curie vermutete, dass ihre Ursachen tiefer lagen und mit der Natur der Atome zu tun hatten. Sie war damit auf dem Weg, das zu finden, was wenig später von ihr selbst »Radioaktivität« genannt werden sollte.

1898 konnte Marie Curie zunächst ihre Thesen untermauern, indem sie die Radioaktivität von Thorium nachwies. Im selben Jahr noch entdeckte sie dann gemeinsam mit ihrem Ehemann, mit dem sie mittlerweile eng zusammenarbeitete, zwei bisher unbekannte Elemente. Marie Curie wies auch deren besondere Strahlung nach, nannte sie »radioaktiv« und gab deshalb einem den Namen Radium. Das andere Element taufte sie als Erinnerung an ihre polnische Heimat Polonium.

Das französische Physikergespann musste sich erst mühsam Lorbeeren verdienen: Pierre Curie war die Professur, dazu ein Helfer und Diener und ein Assistent, nämlich seine Frau, erst zugestanden worden, nachdem ihm und Marie Curie gemeinsam mit Becquerel 1903 der Nobelpreis für Physik zugesprochen wurde. Davor war die Forscherarbeit entbehrungsreich: Das Ehepaar Curie hatte keine Festanstellung an der Sorbonne und lebte überwiegend von bescheidenen Zuschüssen der Industrie. Ehemann Pierre lehrte zudem an der Pariser Fachhochschule für Physik und Chemie.

Doch am Triumph der polnischen Physikerin ging kein Weg vorbei: 1903 promovierte sie unter dem Titel ›Untersuchungen über die radioaktiven Substanzen‹. Fortan zählte sie unangefochten zu den leidenschaftlichsten Pionieren der modernen Kernphysik, Kernchemie und Radiologie. Pierre Curie kam 1906 bei einem tragischen Unfall mit einer Pferdekutsche ums Leben. Daraufhin übernahm die Ehefrau kurzerhand seine Vorlesungen an der Pariser Universität. Sie war damit die erste Professorin, die an der Sorbonne lehrte, und einige Jahre später, 1922, auch die erste Frau, die in die berühmte Pariser Académie de Médecine aufgenommen wurde. 1911 erhielt sie für ihre Arbeiten einen zweiten Nobelpreis, dieses Mal den für Chemie. Auch das war ein Novum: Marie Curie ist bis heute die einzige Forscherin, die mit zwei Nobelpreisen bedacht worden ist. Immer blieb sie zurückhaltend und freundlich, sie war das Gegenteil von arrogant und großspurig. 1912 gründete sie das Pariser Radiuminstitut und erhielt dafür aus den USA ein sehr kostbares Geschenk: ein ganzes Gramm des sehr seltenen Radiums.

»Madame Curie ist unter allen Menschen der Einzige, den der Ruhm nicht verdorben hat.«
Albert Einstein

Das Phänomen Radioaktivität bot Marie Curie faszinierende Einblicke in das Wesen der Materie. Sie war aber auch überzeugt davon, dass radioaktive Strahlung in der Medizin zum Nutzen der Menschheit eingesetzt werden konnte. So unterbrach sie während des Ersten Weltkrieges 1914 bis 1918 ihre wissenschaftliche Arbeit. Sie selbst hatte mobile Röntgengeräte entwickelt und bildete nun, gemeinsam mit ihrer damals 18-jährigen Tochter Irène, Personal an den neuen Geräten aus. Dafür fuhr sie höchstpersönlich bis in die Frontgebiete.

Marie Curie starb 1934 im Alter von 66 Jahren an Leukämie, einer Folge ihrer langjährigen Kontakte mit hoch dosierten radioaktiven Präparaten, von deren Gefährlichkeit man damals noch nichts ahnte. Im Rahmen einer feierlichen Prozession wurde der Sarg mit den sterblichen Überresten der wohl bedeutendsten Naturwissenschaftlerin aller Zeiten 1995 in das Pariser Pantheon überführt.

In der Zwischenzeit verhalf Irène, die ältere ihrer beiden Töchter, dem Namen Curie zu weiterer Ehre. Sie setzte die Arbeit der Mutter fort, entdeckte 1934 die »künstliche Radioaktivität« und bahnte damit der Kernspaltung den Weg. Dafür erhielt sie 1935 gemeinsam mit ihrem Ehemann Frédéric Joliot-Curie, den sie im Institut der Mutter kennen gelernt hatte, den Nobelpreis für Chemie. Irène Joliot-Curie verstarb 1956 wie ihre Mutter an Leukämie.

Max Planck (1858–1947)

Max Planck ist der Begründer einer wissenschaftlichen Disziplin, von der jeder schon viel gehört hat, von der aber kaum jemand auch nur ansatzweise sagen kann, worum es eigentlich geht: die Quantenphysik. Planck beschäftigte sich Ende des 19. Jahrhunderts mit Licht- und Wärmestrahlung, die von Körpern ausgeht. Im Grunde ging es ihm um die Aufklärung von simplen Phänomenen wie diesem: Sein Schürhaken wurde im Kaminfeuer nicht nur teuflisch heiß, er begann ab einer bestimmten Temperatur auch zu glühen, also Licht abzustrahlen.

Heute beobachten wir diesen Effekt häufiger beim Grillen: Holzkohle wird nach einer Weile rot- oder sogar gelb- bis weißglühend, wenn man mit dem Blasebalg nachhilft. Diese Farbspiele haben bekanntlich mit der Wellenlänge der elektromagnetischen Strahlung zu tun. Ein Mensch mit einer Körpertemperatur von etwa 37 Grad sendet langwellige Infrarotstrahlung aus. Erhitzt man einen Gegenstand, wird die Wärmestrahlung immer kurzwelliger, bis sie irgendwann auch als Licht wahrnehmbar wird. Je höher die Temperatur, desto kleiner ist also die Wellenlänge des emittierten Lichts.

Planck wollte herausfinden, was hier genau vor sich ging, dabei nicht nur exakt die zugehörigen Farben bestimmter Wellenlängen

Max Planck

der Strahlung ermitteln, sondern auch die Lichtmengen, die sein Schürhaken abgab. Mit dieser Frage schlug er sich lange Forschernächte um die Ohren. Schließlich wagte er es, eine einfach aussehende, weil aus nur drei Buchstaben bestehende, aber dennoch höchst komplexe mathematische Formel vorzustellen, die die Energie des abgestrahlten Lichts beschreiben sollte. Planck machte die Energie logischerweise von ihrer Wellenlänge abhängig. Kurzwelliges Licht hatte mehr Energie als langwelliges, wobei sich die kleinste Energiemenge (E) von Licht einer bestimmten Wellenlänge berechnen ließ, wenn man die Frequenz der Lichtstrahlung (v) mit einer neuen Konstante (h), die den Namen »Planck'sches Wirkungsquantum« erhielt, multiplizierte: $E = h \cdot v$.

Planck führte hiermit das mysteriöse »Energiequant« ein. Völlig neu an seiner Theorie, über die er erstmals im Dezember 1900 referierte, war der Gedanke, dass Licht und somit Energie nicht kontinuierlich abgestrahlt würde bzw. stetig im Fluss war, sondern dass sie in kleinen Portionen existierte und sich damit auch sprunghaft ändern konnte. Diese Zerstückelung der Energie stand im Widerspruch zum damals vorherrschenden Bild der Physik, die vom »Stetigkeitsprinzip« ausging und dem Diktum von Leibniz, »die Natur macht keine Sprünge« anhing.

Zur Max-Planck-Gesellschaft zur Förderung der Wissenschaften e.V. (MGP) gehörten Anfang 2006 insgesamt 78 Forschungsinstitute mit etwa 12 200 Mitarbeitern, davon mehr als ein Drittel Wissenschaftler. Seit Gründung der MPG 1948 zählte sie 16 Nobelpreisträger in ihren Reihen, zuletzt erhielt 2005 Theodor Hänsch gemeinsam mit Roy J. Glauber und John L. Hall für Arbeiten zur Quantenoptik den Nobelpreis für Physik. Hinzu kommen 15 Nobelpreise, mit denen Forscher der Kaiser-Wilhelm-Gesellschaft zwischen 1914 und 1948 ausgezeichnet wurden.

Planck selbst hatte Unbehagen mit seinem neuen Ansatz, den er mit seiner eigenen Vorstellung von einer physikalischen Realität schwerlich in Einklang bringen konnte. Er war konservativ geprägt, glaubte an absolute Werte in den Wissenschaften wie in der Religion. So hielt er seine Quanten selbst nicht für real, sondern verstand sie eher als rein mathematische Größen. Von Selbstzweifeln geplagt, beschrieb er seine eigene Arbeit wie folgt: »Kurz zusammengefasst kann ich die ganze Tat als einen Akt der Verzweiflung bezeichnen: Denn von Natur bin ich friedlich und bedenklichen Abenteuern abgeneigt, aber eine theoretische Deutung musste um jeden Preis gefunden werden und wäre er noch so hoch.«

Albert Einstein feilte einige Jahre später an Planks Quanten weiter und interpretierte sie als reale Gebilde, nämlich Lichtteilchen, genannt Photonen. Diese Lichtteilchen können aus einem Metall Elektronen herausschlagen. Dieser »photoelektrische Effekt« war die Grundlage zur Entwicklung von Digitalkameras und Solarzellen. Somit leitete Planck mit seiner Quantentheorie eine Epoche großer Umwälzungen und Fortschritte in der Physik und Chemie ein. Für seine Leistungen wurde ihm 1918 der Nobelpreis der Physik verliehen.

Zerstreuung und Halt suchte Planck in der Musik, der Philosophie und im Glauben an Gott. Er war ein ausgezeichneter Pianist, beschäftigte sich mit Musiktheorie und widmete sich auch Fragen wie der nach dem Verhältnis zwischen Naturwissenschaften und

Religion. In Kiel geboren, hatte Planck nach dem Abitur zunächst in München und Berlin studiert, wo er als 21-Jähriger in theoretischer Physik promovierte. Ab 1885 bekleidete er Professuren in Kiel, später in Berlin sowie zahlreiche Präsidialämter der ehrwürdigsten deutschen Wissenschaftsinstitutionen.

Zuletzt, von 1930 bis 1937 und 1945/1946, saß er der Kaiser-Wilhelm-Gesellschaft zur Förderung der Wissenschaften vor, die 1948, nach Plancks Tod, zur Max-Planck-Gesellschaft (MPG) umgetauft wurde.

Albert Einstein (1879–1955)

Einstein ist der Inbegriff eines wissenschaftlichen Genies. Jeder kennt sein freches Gesicht samt zerzauster Frisur. Gründe für seinen Ruhm gibt es reichlich: An erster Stelle steht seine wissenschaftliche Leistung, durch die zahlreiche bedeutende Neuerungen in die Physik eingeführt wurden, darunter die »Relativitätstheorie« und die wohl berühmteste physikalische Formel, die es bis heute gibt: $E = m \cdot c^2$. Bekannt ist uns Einstein, der zwei Weltkriege erlebte, auch wegen seiner Diffamierung durch die Nazis, seinem rebellischen Habitus, seinem politischen Engagement für Israel und für den Weltfrieden.

Geboren wurde er als einziger Sohn eines jüdischen Kleinunternehmers im März 1879 in Ulm (weshalb er zeit seines Lebens im schwäbischen Dialekt Deutsch sprach). Seine Mutter spielte gerne Klavier und vermittelte ihre Liebe zur Musik an ihren Sprössling. Mit sechs Jahren begann er das Geigenspiel – auch das sollte ihn sein Leben lang begleiten. Das elektrotechnische Handelsunternehmen des Vaters inspirierte den jungen Einstein schon früh, sich mit der Physik zu beschäftigen. Er war fasziniert von einem Kompass und fragte sich, wie es sein könne, dass sich die Nadel im-

Albert Einstein

mer nach Norden ausrichtete, wo doch alle anderen Gegenstände schnurstracks nach unten fielen.

Entgegen vieler Erzählungen über den jungen Einstein war er zwar kein einfacher, aber ein guter Schüler. Allerdings zwangen die Geschäfte des Vaters immer wieder zum Ortswechsel, was auch Spuren in seiner schulischen Laufbahn hinterließ. Einstein wuchs seit Juni 1880 in München auf und verließ das dortige Luitpold-Gymnasium 1894 ohne Abschluss. Er hatte Ärger mit seinem Klassenlehrer und wollte sich auch der deutschen Wehrpflicht entziehen. Sein Ziel war aber auch, wieder in der Nähe seiner Eltern zu leben, die es nach Mailand verschlagen hatte.

Nach dem Weggang aus München machte sich Einstein sogleich daran, einen Studienplatz zu finden. Beim zweiten Anlauf schaffte er im Alter von 17 Jahren die Aufnahmeprüfung am Polytechnikum in Zürich. Ein erster Immatrikulationsversuch war fehlgeschlagen, weil Einstein die Matura, das Schweizer Abitur, fehlte. Diese holte er mit einem Schuljahr im schweizerischen Aarau nach. Im Oktober 1896 begann er sein Mathematik- und Physikstudium und absolvierte es binnen vier Jahren.

Danach sollte er zunächst nicht allzu großes berufliches Glück haben. Als »Fachlehrer in mathematischer Richtung« blieb er zwei

Jahre lang arbeitslos. Erst über Beziehungen fand er einen Job als »technischer Experte dritter Klasse« am Berner Patentamt, wo er von 1902 bis 1909 blieb. Derweil hatte Einstein 1901 die schweizer Staatsbürgerschaft angenommen und die württembergische bereits 1896 abgelegt.

Die materielle Sicherheit seines ruhigen Bürojobs in Bern erlaubte ihm nun, sich nebenher intensiv der theoretischen Physik zu widmen. Mit mehreren 1905 veröffentlichten Aufsätzen machte er sich als Shootingstar am Firmament der großen Wissenschaft bemerkbar.

In seinem Artikel »Über einen die Erzeugung und Verwandlung des Lichtes betreffenden heuristischen Gesichtspunkt« stellte Einstein die gewagte Behauptung auf, elektromagnetische Strahlung bestehe aus den von Max Planck eingeführten Energiequanten entsprechenden realen Teilchen. Er plädierte dafür, die Wellennatur des Lichts zugunsten eines Teilchencharakters aufzugeben. Dafür erhielt er 1921 den Nobelpreis für Physik.

Ebenfalls 1905 erschien auch der bedeutende Einstein-Text ›Zur Elektrodynamik bewegter Körper‹. Hier legte er die Prinzipien seiner Speziellen Relativitätstheorie dar, die ihn auf die Fährte der »Einstein'schen Formel« $E = m \cdot c^2$ brachte und durch die er weltberühmt wurde – auch weil dadurch das Atomzeitalter angebrochen war. Er beschrieb die Energie (E) als Produkt der Masse (m) eines Teilchens und dem Quadrat der Lichtgeschwindigkeit (c), stellte also einen direkten Bezug zwischen der Masse eines Körpers und der Energie her.

Im Zuge seiner Entdeckungen wandelte sich das Berufsleben Einsteins: Bald konnte er nach Herzenslust forschen. Er wurde rasch promoviert und habilitiert, von 1909 bis 1914 war er außerordentlicher Professor an der Universität Zürich mit einer Unterbrechung 1911/12 an der Deutschen Universität Prag.

Schließlich folgte er dem Ruf von Max Planck und siedelte im März 1914 nach Berlin über, wo er als hauptamtliches Mitglied der Preußischen Akademie der Wissenschaften Direktor des neuen

Kaiser-Wilhelm-Instituts für Physik wurde. Dort publizierte er 1916 erstmals zur Allgemeinen Relativitätstheorie, die bis heute die Physik beschäftigt. Er postulierte, dass sich der Raum in der Nähe großer Massen krümmt und dass sogar Sternenlicht durch die gigantischen Sonnenanziehungskräfte abgelenkt werde.

In Berlin lebte und arbeitete der Physiker bis 1932. Er hatte ein Sommerhaus in Caputh bei Potsdam, wo er einer weiteren Leidenschaft nachgehen konnte: dem Segeln. Der Aufstieg der Nationalsozialisten brachte jedoch eine Wende in seinem Leben: Einstein kehrte von einer Reise in die USA nicht mehr nach Berlin zurück. Der Deutschen Gesandtschaft in Brüssel erteilte er den Auftrag, seine preußische Staatsbürgerschaft aufzuheben. Er legte sämtliche Ämter in Deutschland nieder.

Die Nazis entzogen ihm die Bürgerrechte und beschlagnahmten sein gesamtes Vermögen. Im Rahmen einer Geburtstagsfeier für den Führer im April 1933 gab die »Deutsche Gesellschaft für anschauliche Physik« bekannt, die »Befreiung deutscher Wissenschaft von jüdischen Einsteintheorien« zu unterstützen. Einstein wurde als »zionistischer Hetzer« und »Scharlatan« der Physik gebrandmarkt. Noch im Jahr der Machtergreifung Hitlers wurde Einstein eine Professur in Princeton angeboten.

Einstein blieb zeit seines Lebens politisch engagiert. 1939 warnte er US-Präsident Franklin Roosevelt in einem Brief vor der deutschen Atombombe und gab damit den Anstoß, eine solche in den USA zu entwickeln. 1940 schwor er den Eid auf die amerikanische Verfassung. Nach Kriegsende setzte er sich für eine interna-

Einstein heiratete 1903 Mileva Maric, eine aus Serbien stammende Physikstudentin in Zürich. Noch vor der Eheschließung wurde die erste Tochter Lieserl geboren, die zur Adoption weggegeben wurde. Aus der Ehe gingen noch zwei Söhne, Hans Albert (1904) und Eduard (1910), hervor. Mileva und Albert Einstein wurden 1919 geschieden. Noch im selben Jahr heiratet Einstein seine Kusine Elsa. Sie verstarb 1936.

tionale Kernwaffenkontrolle und für das Existenzrecht Israels ein. 1952 wurde ihm angeboten, Präsident von Israel zu werden – was er ablehnte.

Im Rahmen seiner Forschung in den USA versuchte er in den Folgejahren, eine einheitliche Theorie zu finden, mit der sich die Gravitation und die Quantenphysik vereinen ließen. Mit solch einer »Weltformel« wollte er Raum und Zeit sowie alle Materie und sämtliche Kraftfelder des Universums zusammenführen. Er scheiterte an dieser Aufgabe und starb im April 1955 im Alter von 76 Jahren im Krankenhaus von Princeton an einem Riss der Aorta. Nach der »Weltformel« wird weiter gesucht.

Niels Bohr (1885–1962)

Der dänische Physiker Niels Bohr war einer der bedeutendsten Atom- und Kernphysiker des 20. Jahrhunderts. Er zählt zu den wenigen, die ohne Vorbehalt in einem Atemzug mit Albert Einstein genannt werden können. Sein bedeutendster Wirkungsort war seit seiner Geburt 1885 Kopenhagen. Dort promovierte er 1911 in Physik, heiratete im Jahr darauf und wurde nach einem Englandaufenthalt mit Stationen in Cambridge und Manchester 1916 Professor für theoretische Physik. 1922 erhielt Bohr den Nobelpreis für Physik – wie übrigens auch sein Sohn Aage mehr als 50 Jahre später.

Seinen internationalen Durchbruch feierte Niels Bohr 1913 mit der Präsentation des von ihm entwickelten »Bohr'schen Atommodells«, welches das Ende der klassischen Physik markierte. Bohr knüpfte dabei an das 1911 von Ernest Rutherford vorgestellte »Planetenmodell des Atoms« an und entwickelte es im Einklang mit Max Plancks Quantentheorie entscheidend weiter. Er führte damit die moderne und die klassische Physik zusammen.

Rutherford hatte 1910 beim Beschuss dünner Platinfolien mit radioaktiven Alphateilchen herausgefunden, dass ein Atom offenbar über einen winzigen Atomkern verfügte, in dem fast seine gesamte Masse konzentriert ist, und dass dieser Kern von Elektronen umkreist wird. Er bemerkte, dass etwa jedes 8000ste Teilchen abgelenkt wurde. Bei seiner Interpretation dieses Vorgangs übertrug Rutherford das Bild des kopernikanischen Sonnensystems mit der Sonne im Mittelpunkt der sie umkreisenden Planeten auf die kleine Welt der Atome. Seine Vorstellung, dass Atome Sonnensysteme in Miniaturausgabe waren, erschien vielen einleuchtend und zugleich wundersam schön.

Doch mit derlei Metaphern hielten sich weder Rutherford noch Bohr lange auf. Beide wussten, dass das »Planetenmodell des Atoms« etliche Fragen aufwarf. Nach den herkömmlichen Gesetzen der Elektrodynamik mussten beispielsweise die negativ geladenen Elektronen, wenn sie um den Atomkern herumflitzten, eigentlich ständig und stetig Energie abstrahlen und dadurch immer langsamer werden, bis sie schließlich in den positiv geladenen Atomkern hineinzufallen hatten. Das war nicht der Fall, doch wie ließ sich dies erklären?

Bohr fand die Antwort, indem er Plancks Quantentheorie auf Rutherfords Atommodell übertrug. Er hielt daran fest, dass die Atomhülle eines Elements aus Elektronenschalen besteht, und dass auf diesen Schalen die Elektronen im Kreis um ihren Atomkern herumschwirren. Sie bewegten sich laut Bohr aber nur noch auf festgelegten (Quanten-)Bahnen, die jeweils einem ganz bestimmten Energieniveau entsprachen.

Solange sich die Elektronen auf ein und derselben Bahn bewegten, rotierten sie strahlungslos, also ohne Energieverluste. In diesem Zustand betrachtete Bohr das Atom als »stabil«. Es konnte Energie nur dann aufnehmen oder abgeben, wenn ein Elektron seine Quantenbahn wechselte, also ruckartig einen Quantensprung vollzog. Das gilt bis heute: Bei einem solchen Quantensprung hüpft ein Elektron mit einem Satz von einer erlaubten Bahn auf

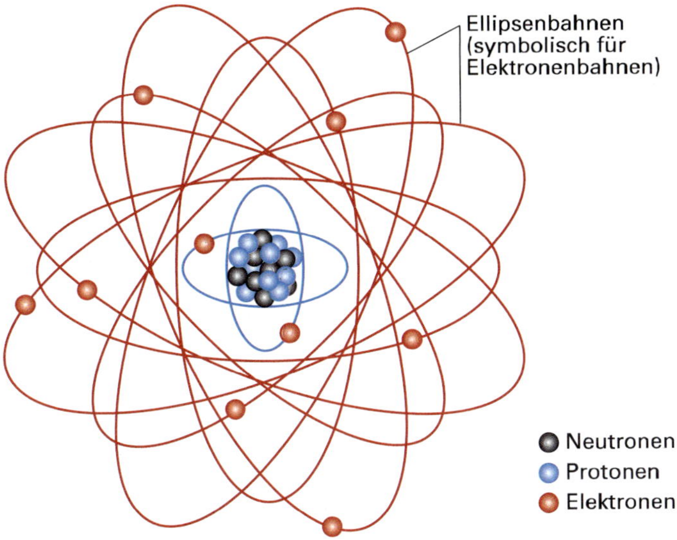

Das Bohr'sche Atommodell.

eine andere und ändert dabei sein Energieniveau. Für einen Sprung nach oben wird zusätzliche Energie eines auf das Elektron treffenden Lichtquants benötigt. Beim Sprung nach unten wird ein vom Elektron ausgesandtes Energiequant freigegeben und sucht als (elektromagnetische) Licht- und Wärmestrahlung das Weite.

Bohr konnte die bei einem solchen Quantensprung emittierte Strahlung mithilfe der Planck'schen Energieformel berechnen. Er lieferte damit auch eine Erklärung dafür, dass von Atomen immergleiche und scharfe Lichtspektrallinien ausgesendet werden: Bei dem Quantensprung eines Elektrons wird nämlich ein Lichtteilchen (Photon) mit genau definierter Energie und damit auch ganz bestimmter Wellenlänge sowie Farbe auf die Reise geschickt.

Bohr konnte dank dieser Erkenntnisse auch das Verständnis des Periodensystems verfeinern. 1927 formulierte er gemeinsam mit Werner Heisenberg die berühmte und höchst komplexe »Kopenhagener Deutung« der Quantenmechanik. Albert Einstein lehnte sie ab. Während eines Fachkongresses 1927 in Brüssel kam es zu einem direkten fünftägigen Duell zwischen Bohr und Einstein, das in der Geschichte der Physik als einmalig gilt. Am Morgen des letzten Tages brachte Einstein ein physikalisches Beispiel, das Bohr bis zum Abend mithilfe der Allgemeinen Relativitätstheorie von Einstein widerlegen konnte. Damit schien von 1927 an die Kopenhagener Deutung gesichert, aber die Diskussion darum ist bis heute nicht beendet.

Ab Mitte der 1930er Jahre widmete sich Bohr verstärkt der Kernphysik. Bereits 1939 stellte er mit John Archibald Wheeler eine Theorie der Kernspaltung vor und damit in Aussicht, auf dem Weg der Spaltung eines Urankerns riesige Energiemengen freisetzen zu können. Der deutsche Faschismus bedeutete auch für sein Leben eine tiefe Zäsur.

Nach 1933 half er zunächst aus Deutschland emigrierenden Wissenschaftlern. Nach dem Einmarsch der Wehrmacht in Dänemark im Jahre 1941 musste er selbst vor den Nazis fliehen. Er emigrierte 1943 über Schweden und England in die USA und beteiligte sich dort am Bau der ersten Atombombe.

Unmittelbar nach Kriegsende kehrte Bohr in seine Heimat zurück. Dort bezog er mit seiner Familie das »Haus der Ehre«, eine herrschaftliche Villa, die Dänemark seinem berühmtesten Bürger zur Verfügung stellt.

Otto Hahn (1879–1968)

Der Name Otto Hahn fällt vielen beim Stichwort »Entdeckung der Atomspaltung« ein. Der berühmte deutsche Physiker und Chemiker hatte fürwahr großen Anteil daran, maßgeblich beteiligt waren aber auch wichtige Mitstreiter wie Lise Meitner, Enrico Fermi, Fritz Straßmann und Otto Frisch.

Hahn wurde im März 1879 als jüngster Sohn eines Glasers in Frankfurt am Main geboren. Nach dem Abitur an der Klinger-Schule studierte er ab 1897 in Marburg Chemie. Er absolvierte ein Semester in München, bevor er 1901 seine Promotion abschließen konnte. Eigentlich wollte Hahn im Anschluss Industriechemiker werden, und um seine Sprachkenntnisse zu verbessern, ging er 1904 nach London. Dort wurde jedoch seine Leidenschaft für die Erforschung der Radioaktivität geweckt.

Nach einem kurzen Aufenthalt in Montreal am Institut von Ernest Rutherford, einem der damals führenden Persönlichkeiten in der radioaktiven Forschung, ließ sich Hahn 1906 in Berlin nieder. An der Berliner Universität wurde er 1910 habilitiert, 1912 bekam er eine Anstellung am neu gegründeten Kaiser-Wilhelm-Institut für Chemie in Berlin-Dahlem, übernahm dessen kommissarische Leitung 1924, ab 1929 dann die Präsidentschaft. In seinen jungen Forscherjahren entdeckte er mehrere natürliche radioaktive Elemente.

In seiner Position als Institutsdirektor gelang es ihm 1938, mit seinem Kollegen Fritz Straßmann ein langjähriges Forschungsprojekt seines Hauses abzuschließen und damit eine wesentliche Grundlage für die Nutzbarmachung der Kernkraft zu schaffen. Die beiden beschossen in ihren Laborapparaten Uran-Atome mit Neutronen und warteten gespannt darauf, ob dabei so genannte Transurane (auch Uran-Isotope genannt, also Varianten des Uran-Atoms mit einer höheren Neutronenzahl) entstehen würden.

Bei ähnlichen Versuchen des Italieners Enrico Fermi waren solche Transurane, die schwerer als Uran waren, weil sie Neutronen absorbiert hatten, erstmals 1934 hergestellt worden. Zur Überraschung von Hahn und Straßmann befand sich aber nach ihrem Beschuss statt der erwarteten Uran-Isotope das Metall Barium im Versuchsapparat. Dabei ist Barium viel leichter als Uran. Was war geschehen?

Hahns lebenslange Freundin Lise Meitner, eine Österreicherin jüdischen Glaubens, mit der er seit Anbeginn am Kaiser-Willhelm-Institut zusammengearbeitet hatte, hatte NS-Deutschland verlassen müssen und befand sich Mitte 1938 im schwedischen Exil. Aus der Ferne machte sie sich an die Interpretation der merkwürdigen Ergebnisse. Mit ihrem Landsmann Otto Frisch, der in der Emigration in England lebte, kam sie zu dem Schluss, dass der Urankern durch den Beschuss in zwei Hälften aufgespalten worden war – eine gewagte These, weil ein chemisches Element wie Uran damals noch als »elementar« und nicht zerlegbar galt. Doch damit rückte die Nutzung der Atomkraft in greifbare Nähe.

Auf die Veröffentlichung der Ergebnisse von Hahn und Straßmann reagierte sofort eine Gruppe emigrierter Physiker. Der ungarisch-amerikanische Forscher Leo Szilard, der 1933 erst nach England, dann 1938 in die USA ausgewandert war und dort Albert Einstein traf, überredete den Genius der Physik, einen Brief an US-Präsident Roosevelt zu schreiben, um ihn davor zu warnen, dass Nazi-Deutschland möglicherweise ein wichtiger Schritt in Richtung einer Vernichtungswaffe ungekannter Gewalt geglückt sei. Bekanntlich sollte es einige Jahre später nicht Deutschland, sondern die USA selbst sein, die diese Waffe erstmals zum Einsatz brachten.

Otto Hahn hatte hierauf keinen Einfluss. Er war auch am deutschen Atomwaffenforschungsprojekt um Werner Heisenberg nicht beteiligt. Hahn blieb bis Kriegsende Direktor seines Instituts und widmete sich dort vor allem der chemischen Untersuchung von Spaltprodukten. Unmittelbar nach Kriegsende wurde er 1945 mit mehreren deutschen Wissenschaftlern in England interniert, um mögliche Verstrickungen mit dem deutschen Terrorregime zu prüfen.

Hahn wurde wenig später entlassen und siedelte nach Göttingen über, wo der alte Wissenschaftsverein 1948 in die Max-Planck-Gesellschaft überführt wurde, für die Hahn bis 1960 als Präsident fungierte. So war er maßgeblich am Wiederaufbau der Wissen-

Schockiert über die Atombombenabwürfe über Hiroshima und Nagasaki 1945, von denen Hahn während seiner Internierung in England erfuhr, wandte er sich gegen jegliche militärische Nutzung der Kernspaltung. 1957 zählte er zu den Initiatoren der so genannten »Göttinger Erklärung« von 18 Kernforschern gegen die Atombewaffnung der BRD.

schaften in Nachkriegsdeutschland beteiligt. Seine menschliche Haltung gegenüber den Verfolgten des Faschismus und nicht zuletzt seine fachliche Brillanz, für die ihm 1946 der Nobelpreis für Chemie (aus dem Jahre 1944) übergeben werden konnte, gaben ihm auch die moralische Legitimation hierfür. Hahn verstarb 1968 in Göttingen.

Stephen Hawking (*1942)

Der 1942 in Oxford geborene britische Astrophysiker Stephen Hawking ist bekannt für kernige Sprüche: Bei einem Vortrag im Oktober 2000 gab er seine Überzeugung preis, dass die Spezies Mensch die Erde in den nächsten 1000 Jahren verlassen müsse, wenn sie auf lange Sicht überleben wolle. Es sei deshalb auch bald an der Zeit, einen passenden Planeten für den Umzug herzurichten – am ehesten vielleicht den Mars. Seither grübeln nicht nur Science-Fiction-Autoren verstärkt darüber, wie ein solches »Planeten-Herrichten« (in der Fachsprache »Terra-Forming«) vonstatten gehen könnte. Hawkings Szenarien sind durchaus ernst zu nehmen, denn zweifelsohne zählt er zu den bedeutendsten theoretischen Physikern seit Max Planck und Albert Einstein.

Eines der Steckenpferde von Hawking sind »schwarze Löcher« – also kosmische Gebilde von so großer Masse, dass ihre Anziehungskräfte selbst Sternenlicht, das in ihre Nähe kommt, ver-

Stephen Hawking

schlingen. Schon unmittelbar nach seinem Studium der Mathematik und Physik nahm Hawking sich dieses Themas an. Sein Ziel war und ist ein besseres Verständnis des Ursprungs und der Zukunft des gesamten Universums. Gemeinsam mit Roger Penrose postulierte er zunächst, dass sich unser Universum beim Urknall in einem singulären Zustand befand, dass damals Raum und Zeit unendlich verzerrt waren und seine gesamte Energie in extrem konzentrierter Form eines gigantischen schwarzen Loches vorlag. Hawking stellte darüber hinaus in Aussicht, dass unser Universum irgendwann an seinem Ende diesen Urzustand wieder einnehmen würde.

Doch diese Sicht ist bis heute nicht mit unserem physikalischen Weltbild in Einklang zu bringen – ein untragbarer Zustand für Naturwissenschaftler, die derlei Widersprüche immer zu überwinden versuchen. 1974, drei Jahre vor Hawkings Habilitierung in Cambridge, gelang es ihm, das Dilemma wenigstens teilweise aufzulösen. Er erfand ein »Schlupfloch« in den schwarzen Löchern und ging davon aus, dass sie gar nicht so schwarz sind, wie zunächst angenommen. Laut Hawking saugen sie trotz ihrer gigantischen Masse und Gravitationskraft nicht sämtliches Licht in sich auf. Vielmehr sei die nach ihm selbst benannte »Hawking-Strahlung« in der Lage, dem Sog zu entkommen. Das wiederum könne dazu führen, dass ein schwarzes Loch irgendwann sogar all seine Masse und Energie verliert. Damit stand auch die frühere Theorie eines singulären Urzustands wieder zur Disposition. Hawking hat seine Theorien in zahlreichen Schriften auch für Laien verständlich ausgebreitet.

Hawking heiratete kurz nach seiner Promotion und bekam mit seiner Frau Jane drei Kinder. Seit 1979 ist er hoch angesehener »Lucasian Professor« an der Universität Cambridge und in dieser Position letztlich Nachfolger von Isaac Newton. Hawking ist sehr beliebt, wo immer er auftritt füllt er die Säle. Das liegt an seinem einzigartigen Vermögen, seine komplexen Theorien einfach zu erklären. Er selbst führte dies auch einmal darauf zurück, dass seine Zuhörer und Leser »von der Diskrepanz zwischen meinen physischen Fähigkeiten und dem gewaltigen Universum«, über das er forsche, fasziniert seien. Hawking leidet seit 1962 an der amyothrophen Lateralsklerose (ALS), einer sehr seltenen und unheilbaren Krankheit, die Muskelschwund und eine umfassende Lähmung zur Folge hat. Deshalb ist er seit Jahren an den Rollstuhl gefesselt. 1985 mussten ihm die Stimmbänder operativ entfernt werden. Seitdem artikuliert er sich mithilfe eines speziellen Sprachcomputers.

Von Hawking stammt der Spruch: »Jede mathematische Formel in einem Buch halbiert seine Verkaufszahl.« Sein Werk ›Die kürzeste Geschichte der Zeit‹ wurde wohl auch deshalb zu einem Welterfolg.

Erkenntnisse und Theorien

Kopernikanische Wende

Die »kopernikanische Wende« vollzog sich über einen Zeitraum von etwa zwei Jahrhunderten zwischen dem beginnenden 16. und der Mitte des 17. Jahrhunderts. Der Begriff bezeichnet den Siegeszug eines völlig neuen, bis heute gültigen Verständnisses unseres Universums.

Den Startschuss gab Nikolaus Kopernikus, der Begründer des »heliozentrischen Weltbilds«, demzufolge die Erde in einem Jahr die Sonne umkreist und sich darüber hinaus einmal am Tag um sich selbst dreht. Kopernikus bugsierte damit die Erde aus dem Zentrum des Kosmos hinaus und in die Umlaufbahn um die Sonne hinein, weshalb ihm später die Ehre zuteil wurde, dass dieser bedeutende Paradigmenwechsel mit seinem Namen bezeichnet wurde. Johannes Kepler verhalf seiner Sicht zum Durchbruch. Er präzisierte die Planetenlaufbahnen und berechnete 1609 ihre elliptische Form.

Ein Jahr später konnte die Richtigkeit dieser Thesen von Galileo Galilei nachgewiesen werden. Den Abschluss der Wende bildete Isaac Newton, der 1666 die Planetenbahnen auf die Anziehungskräfte der Himmelskörper zurückführte.

Damit war eine Revolution der Astronomie zu einem vorläufigen Ende gekommen. Für diese Denker der Renaissance und Aufklärung war es von zentraler Bedeutung, dass die Welt mithilfe physikalischer Deutungen und mathematischer Berechnungen aus dem Zentrum des Kosmos gerückt werden konnte, denn die Perspektivenverschiebung brachte die althergebrachte christliche Vorstellung einer göttlichen Ordnung des Kosmos mit unserer Erde im Mittelpunkt zum Einsturz.

Sämtliche traditionellen Wertvorstellungen der Gesellschaft wurden in Zweifel gezogen, was schließlich das grundsätzliche Hinterfragen der mittelalterlich feudalen Gesellschaftsstrukturen samt ihrer Zwänge und Denkverbote begünstigte. Dieser Perspektivenwechsel war das wesentliche Resultat, auch wenn Kopernikus bei seinen Forschungen eigentlich ganz andere Ziele hatte.

Er beschäftigte sich vorrangig mit den Werken der alten Griechen und, was die Sternenkonstellation anging, speziell mit Claudius Ptolemäus, dem letzten großen Astronomen der Antike, dessen Lehre mit dem Einsetzen der Renaissance wieder entdeckt wurde – daher auch die Bezeichnung »Renaissance«, wörtlich »Wiedergeburt«. Ptolemäus' einflussreiche Schrift ›Almagest‹ wurde ab 1496 in gedruckter Fassung in Europa verbreitet. Der im

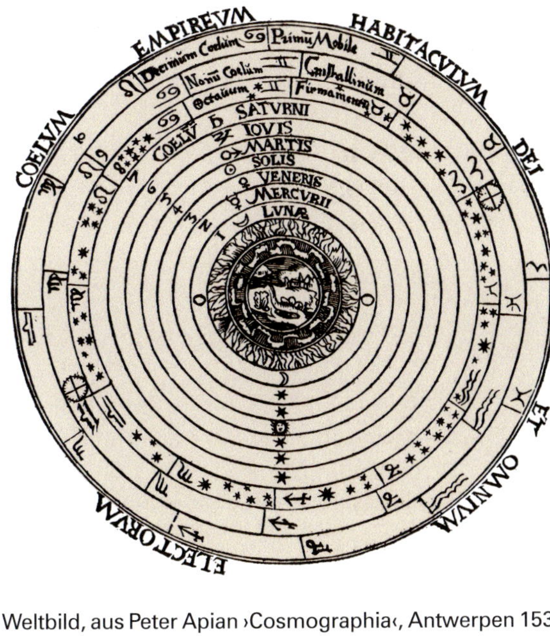

Das geozentrische Weltbild, aus Peter Apian ›Cosmographia‹, Antwerpen 1539.

ägyptischen Alexandria lebende griechische Gelehrte hatte seiner Nachwelt ein detailliertes geozentrisches Weltbild hinterlassen.

Seine Meinung wurde vereinzelt zwar schon vor und nach seiner Lebenszeit in Frage gestellt – so hatte der alte Aristarchos von Samos ein System entworfen, in dem die Planeten die Sonne umkreisten. Doch Ptolemäus setzte sich darüber hinweg, seine Vorstellung des Universums sollte über 1400 Jahre lang gültig bleiben.

Über Jahrhunderte gab es also nur ein Bild der Welt, und zwar das mit der Erde im Zentrum und Kristallsphären um sie herum, an denen die anderen Himmelskörper aufgehängt waren. Auch die christlichen Schöpfungsmythen orientierten sich hieran.

Der Nachthimmel, der sich auch uns heute als perfekte Halbkugel zeigt, schien dieses Bild zu bestätigen. Doch Ptolemäus begnügte sich nicht allein mit der Behauptung seines Weltbilds. Er versuchte, es mit den beobachtbaren Bewegungen von Sonne und Planeten in Einklang zu bringen, und entwickelte ein kompliziertes System zur Berechnung der Himmelsbewegungen. Für den Griechen gab es zum einen jene Kreise, auf denen sich die Planeten bewegten (Epizykel). Ihre Mittelpunkte lagen jedoch auf weiteren Kreisen (Deferente), und erst in deren Zentrum war die Erde platziert.

Variable Zusatzgrößen ermöglichten es Ptolemäus, das Auftauchen bestimmter Sterne am Firmament schon ziemlich genau vorherzusagen, und er beschrieb 44 Sternenbilder wie Orion und Löwe, die wir noch heute verwenden.

Wissenschaftliche Methodik

Mit der fortschreitenden Entschlüsselung der Natur wandelte sich auch das Handwerkszeug der Forscher und der um Interpretation bemühten Philosophen. Nicht nur, dass immer präziser funktionierende Instrumente erfunden wurden, mit denen schließlich sogar die Atome als Bausteine aller Materie und Gene als Träger von Erbgut entdeckt, verstanden und verändert werden konnten – auch die Systematik und die Perspektive, mit der man sich ans Forscherwerk machte, wurden beständig weiterentwickelt. Die Entwicklung des wissenschaftlichen Denkens ist damit ein zentraler Bestandteil der kulturellen Entwicklung der Menschheit. Das, was wir heute als »naturwissenschaftliche Methode« bezeichnen, ist eine erst sehr junge Errungenschaft der Neuzeit und eine der wesentlichen Grundlagen unserer modernen Zivilisation.

Betrachten wir zunächst die alten Griechen: Ihre Naturerforschung hatte im Grunde mit moderner Naturwissenschaft noch nichts zu tun. Es ging Aristoteles und Ptolemäus zwar um das bessere Verständnis beobachtbarer Vorgänge und Phänomene. Ein wichtiges Merkmal der heutigen Wissenschaft, nämlich erworbenes Wissen praktisch anzuwenden und damit auch ganz gezielt in die Natur einzugreifen (bspw. Atomkerne zum Zwecke der Energiegewinnung zu spalten oder genetische Defekte mit Therapien zu heilen), war ihnen jedoch fremd.

Den alten Gelehrten ging es vielmehr um das innere Wesen der Dinge. Die Erforschung der Natur sollte tiefere Einsichten in die harmonischen Ordnungsprinzipien des göttlichen Universums ermöglichen. Welche Bedeutung und welchen Rang hatten Sonne, Sterne, Erde und der sie besiedelnde Mensch im universalen Gefüge des Kosmos? So und ähnlich lauteten die großen naturphilosophischen Fragen, mit denen sich die altehrwürdigen Denker während der ersten Blüte der Wissenschaften beschäftigten. Naturgesetze gab es noch nicht, Medizin, Landwirtschaft und Pflanzen-

oder Tierzucht basierten auf Intuition, praktischer Erfahrung und religiösen Ideen – nicht auf der heute praktizierten »Anwendung gesicherten Wissens«. Die frühe Mathematik lieferte schon den Griechen ein wichtiges Hilfsmittel, um Hypothesen rechnerisch zu überprüfen und zu verbessern. Angewendet wurde sie aber fast nur auf als unveränderlich betrachtete Systeme wie den Sternenhimmel.

Mit dieser Perspektive, die bis zum Beginn der Renaissance vorherrschte, konnte es keine mit der heutigen Zeit vergleichbare Naturwissenschaft geben. Entsprechend gab es weder Wissenschaftsdisziplinen oder festgelegte Ausbildungswege, noch eine akzeptierte Herangehensweise, die der Plausibilität neuer Hypothesen eindeutige Grenzen hätte stecken können. Diese Ausgangslage lässt sich am Beispiel von Johannes Kepler nachzeichnen. Kepler konnte Anfang des 17. Jahrhunderts als Erster die Planetenlaufbahnen korrekt als Ellipsen berechnen.

Aber nichts in den sich gerade neu aufstellenden Wissenschaften in Europa konnte ihn von seiner Überzeugung abbringen, dass Sonnen- und Sternenstrahlen die Natur auf der Erde samt Wetter und Menschen beeinflussten. Das gesamte Inventar des Kosmos war für ihn nicht tot, alle Planeten und Dinge hatten vielmehr eine Seele. So wundert es nicht, dass neben der Astronomie damals auch die Astrologie als legitime »Wissenschaft« betrachtet wurde und dass das Verfassen von Horoskopen zu den Hauptbeschäftigungen auch der bedeutenden Astronomen zählte. Gottesehrfurcht, Vorlieben für die Astrologie, Alchemie und Mystik waren zu Keplers Zeiten auch unter Naturforschern gang und gäbe.

Einen neuen Akzent, lange vor Kepler, hatte der englische Franziskanermönch und Naturforscher Roger Bacon gesetzt. Er bemängelte die vorherrschende deduktive Methode seiner Zeitgenossen, die einzig darauf abzielte, spezielle Einzelerkenntnisse aus allgemeinen Theorien und Philosophien abzuleiten und diese damit im Grunde immer nur wieder bestätigt zu sehen. Roger Bacons methodischer Ansatz war noch wenig präzise, aber er unterstrich die Notwendigkeit kontrollierter Beobachtung und der Einbeziehung von Erfahrungswerten, um spekulative Postulate der Naturphilosophen bewerten zu können und neues Wissen zu generieren.

In dieser Hinsicht sollte die Erforschung der Welt vier Jahrhunderte später durch Galileo Galilei einen bedeutenden Schritt vorankommen. Als Zeitgenosse Keplers interessierten ihn systematische Experimente auf der Erde. Seinen Ansatz beschrieb er wie folgt: »Ich habe ein Experiment darüber angestellt, aber zuvor hatte die natürliche Vernunft mich ganz fest davon überzeugt, dass die Erscheinung so verlaufen musste, wie sie tatsächlich verlaufen ist.«

Galilei präsentierte also eine ganz neue Herangehensweise, um zu physikalischen Erkenntnissen zu kommen. Er versuchte durch Gedankenexperimente das Ergebnis eines Versuchs vorwegzunehmen, statt erst zu rühren und zu schütteln und dann zu schauen, was dabei herauskam und wie es sich interpretieren ließ. Er wollte die Prozesse in der Natur nicht länger nur mit der Beantwortung der Ausgangsfrage »Warum« und damit aus ihrem »Wesen« heraus erklären. Stattdessen fragte er nach dem »Wie«. Er studierte akribisch die Flugbahn von Steinen und die Veränderung ihrer Geschwindigkeit, wenn man sie von einer Leiter fallen ließ. Galilei ging davon aus, dass vernünftige Menschen mit Fragen nach dem »Wie« tiefere Einblicke in den göttlichen Schöpfungsplan gewinnen konnten. Als Sprache zur Formulierung der natürlichen Vorgänge diente ihm die Mathematik.

Wissenschaftliche Methodik umfasst im Wesentlichen:

1. Beobachtung
2. Hypothesenbildung
3. Experiment
4. Schlussfolgerung und Theorienbildung
5. Veröffentlichung der Ergebnisse

Aber auch Galilei konnte sich von der alten aristotelischen Fixierung auf das »Wesen« der Dinge noch nicht völlig lösen. Der freie Fall eines Steins hatte für ihn nichts mit Erdanziehung zu tun, seine geradlinige Bewegung nach unten betrachtete auch er als ein ihm innewohnendes Streben in Richtung Erdmitte. Er ging bei seinen Experimenten noch nicht induktiv vor, das heißt, er versuchte nicht, die Erfahrungen aus einzelnen Versuchen zu verallgemeinern, um universell gültige Naturgesetze abzuleiten.

Der englische Philosoph Francis Bacon ging hier einen entscheidenden Schritt weiter. Er entwarf ein neues Konzept der Wissenschaft auf Basis von Beobachtung und Experiment. Er ersetzte die Methode der Spekulation durch die Empirie (Erfahrungswissen) und beschrieb 1620 in seinem Werk ›Novum organum‹ das neue Verfahren der Induktion – die Ableitung allgemeingültiger Gesetze aus Einzelbeobachtungen. Zweck der Forschung sollte in Bacons Augen fortan die Naturbeherrschung und ihre Nutzbarmachung zum Wohle der Menschheit sein. Das Diktum »Wissen ist Macht« geht auf ihn zurück, es wurde zu einem Leitbild der europäischen Aufklärung.

Die neuzeitlichen Wissenschaften, die mit ihr zum Durchbruch kamen, ersetzten die Suche nach dem »Wesen« der Dinge endgültig durch die Suche nach den Gesetzen, denen sie folgten. Die moderne Forschungswissenschaft entwickelte dafür eine systematische Methodik. Strenge Regeln müssen heute befolgt werden, um von einer wissenschaftlichen Theorie reden oder auch nur einen Artikel in einer wissenschaftlichen Fachzeitung veröffentlichen zu dürfen.

Wissenschaftliches Denken der Neuzeit bedient sich im Wesentlichen der Logik und der Mathematik. Ein ganz zentrales Element bildet das Experiment. Eingebettet ist modernes naturwissenschaftliches Arbeiten in eine Weltsicht, nach der grundsätzlich alles im Universum nach Naturgesetzen strukturiert ist und daher als erklärbar gilt. Götter und andere übernatürliche Phänomene haben hierbei keinen Platz mehr.

Wissenschaftliche Erkenntnis beansprucht dennoch nie absolute Wahrheiten, sondern immer nur eine vorläufige Gültigkeit. Eine Theorie ist nur so lange aufrechtzuerhalten, wie es nicht gelingt, sie zu modifizieren oder zu widerlegen. Der Philosoph Karl

Karl Popper, Erfinder des Falsifikationsprinzips.

Popper hat hierfür das bewährte »Falsifikationsprinzip« eingeführt. Demnach suchen Forscher nicht nur nach Bestätigungen ihrer Theorien. Sie versuchen auch ganz gezielt, sie zu widerlegen (falsifizieren).

Darwin und die moderne Evolutionstheorie

Seit Charles Darwin wissen wir, dass die Geschichte von Adam und Eva eine Legende ist. Nicht Gott schuf den Menschen, sämtliche Lebensarten auf der Erde gingen vielmehr aus früheren Arten hervor. Im Zuge der Evolution hat sich das Leben wie ein Baum immer weiter verzweigt. Nur drei Hauptstämme gibt es: Bakterien (Einzeller ohne Zellkern, die vor 3,5 Milliarden Jahren das erste Leben bildeten), Archaea (ebenfalls Einzeller ohne Zellkern, die aber ohne Sauerstoff auskamen und vor über drei Milliarden Jahren auftauchten) und schließlich die Eukaryoten (Lebewesen mit Zellen samt Zellkern, die vor etwa 1,7 Milliarden Jahren in Erscheinung traten). Aus diesen drei Hauptstämmen sind über viele Jahrmillionen unzählige Verzweigungen hervorgegangen. Auf dem äußersten Ende eines solchen Zweiges des Eukaryoten-Stammes sitzen wir Menschen, dahinter unsere näheren Verwandten wie Schimpansen, Igel und Eidechsen.

Durch Darwin wurde dieses Ordnungsprinzip im 19. Jahrhundert erstmals formuliert und später bis zum heutigen Stand weiter entwickelt. Heute kann man sich kaum noch vorstellen, welchen Wirbel Darwin damals auslöste. Das christlich geprägte Europa wurde seiner letzten sicher geglaubten Bastion beraubt: der losgelösten universellen Stellung der Kinder Gottes, für die sich viele noch heute halten.

Die Astronomie von Kopernikus, Kepler und Newton war vergleichsweise harmlos, ließ sie sich doch einigermaßen bequem mit der christlichen Schöpfungslehre vereinbaren, weil sie im Grunde nur ein modifiziertes statisches Weltbild erbrachte (mit der Sonne statt der Erde im Zentrum des Kosmos). Alles andere, die Schönheit des Firmaments und die wunderbare Vielfalt der Pflanzen- und Tierwelt auf der Erde, blieb weiterhin Gottes Werk. Darwins Evolutionstheorie postulierte dagegen ständige Entwicklung und Veränderung aller Lebensformen. Durch seine Arbeit entfaltete die Erklärungsmacht der naturwissenschaftlichen Forschung eine solche Kraft, dass es nicht mehr länger möglich schien, Naturwissenschaft und Religion in Einklang zu bringen.

Darwins Abstammungslehre basierte auf drei Grundannahmen. Erstens ist die Welt nicht unveränderlich, zweitens erfolgt die Veränderung stetig, und drittens verläuft sie nicht zyklisch, sondern linear. Schon vor Darwin wurden solche Ideen formuliert. Die Franzosen Georges Louis Leclerc und Louis Jean-Marie Daubenton beschrieben ein Jahrhundert vor ihm Arten als veränderlich.

Affen interpretierten sie als degradierte Menschen, Esel als degradierte Pferde. Die brillanteste Evolutionstheorie ihrer Zeit entwickelte Jean Baptiste de Lamarck. Er glaubte, Arten könnten über längere Zeit nur dann unverändert fortexistieren, wenn ihre Umgebung gleich blieb. Die gerade in Afrika entdeckte Giraffe, so meinte er, hatte als gewöhnliche Antilope angefangen, die ihren Hals immer öfter strecken musste, weil die Nahrung knapp wurde und nur noch Blätter in den Baumwipfeln zu finden waren. Ihren durch Recken verlängerten Hals vererbte sie dann an ihre Kinder, bis schließlich nach einigen Generationen die Anpassungsleistung vollbracht und die Giraffe geschaffen war. Als Motor der evolutionären Veränderung galt also die Vererbung erworbener Eigenschaften, auch bekannt als Lamarckismus.

Auch der große Evolutionist Darwin hielt an dieser Sicht fest, denn er konnte noch nicht wissen, dass die Variabilität der Arten ausschließlich durch Zufall auf der Ebene der Gene bestimmt wird. In seinem bedeutenden Werk über die ›Entstehung der Arten‹ von 1859 war er selbst noch zögerlich, was den Status des Menschen anging. Er brachte zwar zum Ausdruck, dass man zur Erklärung der Evolution »Gott« nicht brauche. Er führte sie stattdessen auf die Variabilität und die natürliche Auslese zurück, konzentrierte sich aber in seinem Buch auf Tiere und Pflanzen. Erst 1871, im Werk ›Die Abstammung des Menschen und die geschlechtliche Zuchtwahl‹, reihte er den Menschen ausdrücklich in die Tierwelt ein.

Darwins Prinzip der natürlichen Auslese ist auch unter dem Leitsatz »Überleben der Tüchtigsten« bzw. »survival of the fittest« bekannt. Damit ist gemeint, dass diejenigen Individuen in Populationen (ob Mensch oder Wüstenkaktus) am erfolgreichsten sind, die die meisten Nachkommen hervorbringen können. Als Maß für die Fitness gilt die so genannte Lebensreproduktivität, der Gesamtfortpflanzungserfolg eines Individuums. Heute können wir diesen »Überlebenskampf« auf Ebene der Gene interpretieren. Überleben heißt für sie, den Sprung in den Genpool der jeweils nächsten Generation zu schaffen.

Der deutsche Zoologe August Weismann nahm Ende des 19. Jahrhunderts eine Erweiterung des Darwinismus vor. Er zeigte u.a., dass es ausschließlich »harte Vererbung« gibt und widerlegte damit die Vorstellung von der »weichen Vererbung«, nach der erworbene Eigenschaften vererbbar sind. Die Biologen Theodosius Dobzhansky und Ernst Mayr begründeten die moderne Evolutionstheorie.

Jedes Gen, das dazu beiträgt, die Überlebenschancen eines Organismus um ein paar Promille zu erhöhen, sorgt unmittelbar auch für die eigene Verbreitung. Eine zufällige Genvariante, die eine junge Antilope etwas schneller rennen lässt, hat zur Folge, dass das Tier nicht so schnell vom Löwen erwischt wird und deshalb mehr Zeit hat, Nachwuchs zu zeugen. Es sind also statistische Zusammenhänge, die in den

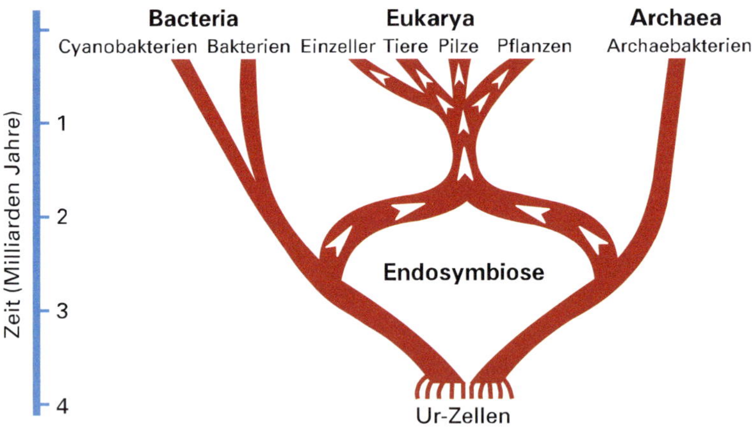

Der »Baum des Lebens« mit den drei Hauptstämmen *Bacteria*, *Eukarya* und *Archaea*. Der Mensch gehört zum Eukaryotenstamm und dort zum Reich der Tiere. Die Vielfalt der *Eukarya* beruht auf der Endosymbiose: Vor rund zwei Milliarden Jahren begannen einzellige Organismen damit, Bakterien zu verspeisen, ohne sie zu verdauen. Sie lebten im Organismus weiter und übernahmen verschiedenste Funktionen – vergleichbar mit unseren inneren Organen.

unvorstellbar langen Zeiträumen der Evolution ausschlaggebend sind. Auf individueller Ebene ist überdies ein gewisser Nachkommensüberschuss vonnöten, um auf der Evolutionsstrecke nicht abgehängt zu werden.

Die landläufige Vorstellung vom »Überleben des Stärksten« liegt also meist daneben. Man kann noch so klug, sportlich und bis ins hohe Alter fit sein: Wer impotent ist, dessen evolutionärer Erfolg ist gleich null. Dieses Dilemma erkennt man deutlich in der Tierwelt: Die evolutionären Sieger im Kampf ums Dasein sind global betrachtet nicht die höher entwickelten Affen, Delfine oder Elefanten. Vielmehr sind es Insekten und Einzeller, die sich seit Millionen von Jahren als wahre Überlebenskünstler erwiesen haben.

Die Theorie der Vererbung erworbener Eigenschaften ist heute widerlegt: Antilopen »mutieren« nicht durchs Halsrecken zu Giraffen, vielmehr setzen sich langhalsige Giraffen auf Grundlage zufälliger Variationen innerhalb der eigenen Art durch. So schwankte wohl erst einmal nur die Länge der Hälse innerhalb der noch recht kurzhalsigen Ur-Giraffen. Die zufällig Längerhalsigen ernährten sich besser und waren dadurch ein bisschen erfolgreicher bei der Fortpflanzung als der Durchschnitt.

So wuchs von Generation zu Generation der Anteil der Längerhalsigen und damit auch die durchschnittliche Länge aller Giraffenhälse. Diesen Prozess nennt man natürliche Auslese. Innerhalb der Giraffenart (in ihrer Population) fand eine »Anpassung« an eine Situation statt, in der die Ernährung zunehmend durch das Fressen von Blättern von hohen Bäumen gesichert werden konnte. Anpassungen, d. h. Evolutionsvorgänge, beziehen sich also immer auf die Population, nie auf ein einzelnes Individuum.

Diese evolutionären Prinzipien des Darwinismus können zu allen möglichen Resultaten führen. Ein Mückenstich zum Beispiel juckt uns, weil dieses Jucken uns veranlasst, Mückengitter am Schlafzimmerfenster anzubringen, womit die Gefahr der Übertragung von Krankheiten verringert wird. Klar ist aber auch, dass es keine global und für alle Zeiten tauglichen Anpassungsleistungen gibt, denn sie erfolgen immer relativ zum Selektionsdruck. Man bemerkt dies an unserer ungebremsten Lust auf Süßigkeiten. Über Jahrtausende war Süßes ein wichtiger, aber seltener Energielieferant, weshalb jedes Tier so viel wie möglich davon fraß. Heute führt ungezügeltes Naschen eher zu Gesundheitsproblemen. Die Evolution braucht eben ihre Zeit.

Einsteins Relativitätstheorie

Albert Einstein revidierte Anfang des 20. Jahrhunderts das Verständnis von Raum und Zeit. 1905 formulierte er seine Spezielle Relativitätstheorie. Er traf zuvor eine wichtige Aussage über die Natur des Lichts: Dieses bewegt sich in einem Vakuum immer mit konstanter Lichtgeschwindigkeit (rund 300 000 km/s) unabhängig davon, ob es von einem ruhenden oder einem bewegten Körper abgestrahlt wird. Daraus schloss er, dass die Zeit nicht länger als unabhängige Größe betrachtet werden könne.

Mit einem einfachen Beispiel verdeutlichte er dies. Einstein beschrieb einen Bahnsteig, in dessen Mitte ein Beobachter steht, während ein Zug vorbeirast und gleichzeitig direkt vor und hinter dem Zug Blitze einschlagen – und zwar genau dann, wenn der Zug den Bahnsteig exakt zur Hälfte passiert hat. Der Beobachter bemerkt die Blitze unabhängig vom Zug zur gleichen Zeit, aber wie ist die Wahrnehmung eines Zugreisenden im Mittelwaggon?

Für ihn gibt es einen Zeitunterschied, weil er sich schnell auf den ersten Blitz zubewegt, während er sich vom zweiten entfernt. Der hintere Lichtblitz rast also mit 300 000 km/s in Richtung Zugmitte. Aber bis er dort ankommt, ist der Waggon schon ein bisschen weitergefahren. Mit diesem verblüffenden Gedankenexperiment zeigte Einstein, dass die Gleichzeitigkeit zweier Ereignisse nicht absolut ist. Das Verstreichen der Zeit hängt vielmehr vom Ort und

Bewegungszustand der Beobachter ab. Damit war die Spezielle Relativitätstheorie gefunden und Raum, Zeit, Masse und Energie auf einmal direkt miteinander verwoben.

Nach diesem Paukenschlag nahm Einstein sich die Schwerkraft und unser Bild vom Universum vor. Im November 1907 kam ihm die zündende Idee: »Das Gravitationsfeld hat ... nur eine relative Existenz ... Denn für einen vom Dache eines Hauses frei herabfallenden Beobachter existiert während seines Falles – wenigstens in seiner unmittelbaren Umgebung – kein Gravitationsfeld.« Einstein betrachtete Schwerkraft und Beschleunigung fortan nicht mehr als grundlegend verschiedene physikalische Größen, sondern (wie Masse und Energie) als Äquivalente, also gleichwertige Parameter, die zur Wahrnehmung und Beschreibung bewegter Vorgänge dienten.

»Mich lieben die Leute, weil sie alles verstehen, was ich sage, und Sie lieben die Leute, weil sie nichts vom dem verstehen, was Sie sagen.«
Charlie Chaplin zu Albert Einstein nach der Formulierung und Bestätigung der Relativitätstheorie

Sein Beispiel mit dem vom Dach fallenden Beobachter zeigt, um was es ihm ging: Der vom Dach Fallende fliegt wegen der Erdgravitation mit wachsender Geschwindigkeit zu Boden, aber wenn er einen Apfel in der Hand hält und diesen während des Fallens loslässt, sieht er den Apfel unbeschleunigt neben sich in der Luft schweben. Für Einstein war klar: Nicht nur die Geschwindigkeit, sondern auch die Beschleunigung war eine relative Größe, es kam auch hier auf den Standpunkt des Betrachters an. Beschleunigungskraft und Schwerkraft waren demnach nicht unterscheidbar, sie waren vielmehr nur zwei Formen ein und derselben Sache.

So kam Einstein darauf, die Schwerkraft eines Körpers als ein Phänomen zu betrachten, das sich aus der Krümmung von Raum und Zeit ergibt. Schwerkraft war für ihn eine Auswirkung von Masse auf den Raum. Je mehr Masse – also Materie-Energie – an einem Ort, desto gekrümmter die Raumzeit. Die Masse der Sonne ver-

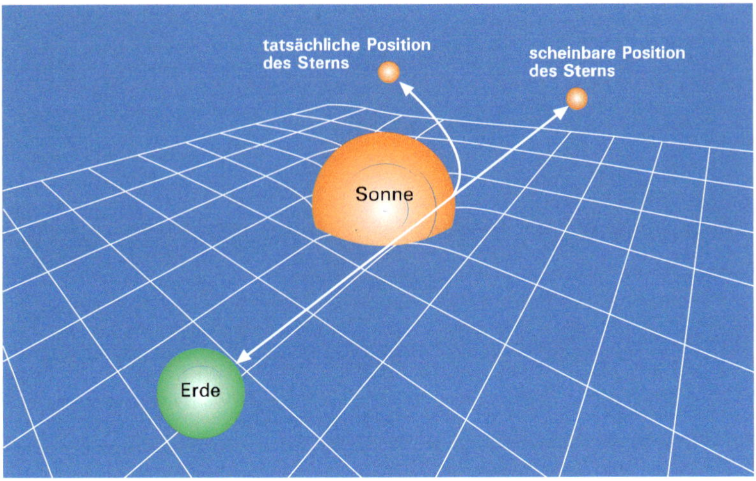

Ablenkung des Sternenlichts durch das Gravitationsfeld der Sonne.

zerrte für ihn den Weltraum, und die veränderte Geometrie zwang die Planeten auf ihre elliptischen Laufbahnen. So kreist die Erde also nicht wegen der Anziehungskräfte um die Sonne, verantwortlich war laut Einstein vielmehr die Raumzeit-Delle, die die Sonne im Universum verursacht.

Um dies nachvollziehen zu können, stelle man sich ein Gummituch vor, auf dem eine Kugel liegt, die eine Beule hinterlässt. Nun betrachte man diese Kugel als Sonne und das flache Tuch als unseren Weltraum mit den uns bekannten Dimensionen oben und unten, rechts und links, hinten und vorne: die Sonne erzeugt eine Delle und krümmt den sie umgebenden Raum. Versucht man nun, die Erde in Form einer Murmel knapp an der Sonne vorbeikullern zu lassen, so wird sie von der Delle gefangen und gerät auf eine Umlaufbahn. Das Gummituchmodell veranschaulicht, wie die Raumzeit-Krümmung für die Laufbahn der Planeten sorgt.

Einstein postulierte, dass auch Lichtstrahlen, die von Sternen ausgehen, in der Nähe massereicher Körper wie der Sonne durch solche Krümmungen abgelenkt werden. Schließlich übertrug er sein Modell auf die Zeitmessung und berechnete, dass sich, wenn man sich von der Erde entfernte (ohne sich anderen Materie-Energie-Ansammlungen zu nähern) die Raumzeit entkrümmte und als Folge die Zeit schneller verging.

1915 konnte Einstein seine Allgemeine Relativitätstheorie mathematisch exakt ausformulieren. In seinem Buch ›Über die Spezielle und die Allgemeine Relativitätstheorie‹ von 1917 bemühte er sich um ihre verständliche Darstellung. Im Rahmen einer Sonnenfinsternis wurde ihre Richtigkeit 1919 bestätigt. Messungen des Astrophysikers Arthur Eddington zeigten, dass das Licht von Sternen, die hinter der Sonne lagen, durch das Schwerefeld der Sonne abgelenkt worden war. »Alle Lichter hängen schief am Himmel: Einsteins Theorie triumphiert«, titelte eine Zeitung damals. Heute kann man zum Beispiel auch messen, dass die Zeit auf der Internationalen Raumstation tatsächlich einen Tick schneller läuft als auf der Erde.

System Erde

Erst in den letzten Jahrzehnten ist es gelungen, elementares Wissen über die Prozesse, die sich im Inneren der Erde, an ihrer Oberfläche und in ihrer Atmosphäre abspielen, zu gewinnen. Seither ist von einem »System Erde« die Rede, demzufolge alle Prozesse auf der Erde (ob Regen, Sturm, Erdbeben, Vulkanausbrüche oder Tsunamis) zusammenhängen. Auch diese Erkenntnis nahm ihren Lauf bereits in der Renaissance, als die Lehren der alten Griechen wieder entdeckt wurden.

Einen wichtigen Beitrag lieferte Ende des 17. Jahrhunderts der Engländer Robert Hooke. Er studierte die oberen Schichten der Erdkruste und erkannte, dass sie offenbar wie eine Chronik der Erde zu lesen waren. »Die Gegenwart ist ein Fenster zur Vergangenheit«, sollte einige Jahrzehnte nach ihm der Schotte Charles Lyell postulieren. Lyell ging es darum, »die früheren Veränderungen der Erdoberfläche durch den Bezug auf heute wirksame Ursachen zu erklären«. Damit erfand er das bis heute praktizierte »Prinzip des Aktualismus«, welches besagt, dass bestimmte geologische Prozesse seit Urzeiten von den gleichen Gesetzen gesteuert werden.

Steine und Fossilien wurden damals als »Schlüssel zur Vergangenheit« betrachtet. Man erkannte nach und nach, dass jede Epoche der Erdgeschichte ihre eigenen typischen Formationen hervorgebracht hatte. Durch die Dokumentation, was wo und in welcher Tiefe gefunden wurde, konnte die Erdgeschichte schließlich in Zeitabschnitte gegliedert werden. Der englische Schiffskanalvermesser William Smith galt dabei als Meister der geologischen Kartierung.

Andere Geologen versuchten zu ergründen, warum Steine mal feinkörnig und weich, mal hart und kantig waren. Der schottische Arzt und Geologe James Hutton lieferte hierfür eine bahnbrechende Theorie: Er entwarf um 1790 den nach wie vor gültigen »Kreislauf der Gesteine« über die Entstehung verschiedener Gesteinstypen: Durch Verwitterung und Erosion an der Erdoberfläche entstehen in den Weltmeeren Ablagerungen und Sedimentgesteine, die zu Metamorphiten werden, wenn sie weiter ins Erdinnere versinken. Magmatische Gesteine entstehen in noch größeren Tiefen, wenn das Gesteinsmaterial erhitzt und aufgeschmolzen wird. Alle Gesteinstypen können an die Erdoberfläche befördert werden, wo sie dann erneut verwittern.

Hutton postulierte, dass Gesteine sehr alt sein mussten. Aber wie alt, vermochte er nicht zu schätzen. Erst durch Meteoriten-Untersuchungen im 20. Jahrhundert wurde das Alter von Gesteinen und das der Erde einigermaßen exakt bestimmt. Erstmals glückte dies in den 1950er Jahren Clair Patterson in den USA. Er entdeckte, dass Meteoriten und Gesteinsproben der Erde den gleichen Gehalt an radioaktiven Blei-Isotopen aufwiesen und wertete dies als Indiz dafür, dass sie gleichen Ursprungs waren.

Zudem war bekannt, dass bestimmte, in der Natur vorkommende Isotope mit einer konstanten Geschwindigkeit über lange Zeiträume zerfallen und dabei neue Isotope bilden. Daraus konnte Patterson schließen, dass alle Gesteine »geologische Uhren« in sich trugen. Durch den Vergleich verschiedener Proben stellte er fest, dass alle vor etwa 4,5 Milliarden Jahren aus einer gemeinsamen Urmaterie entstanden waren.

Parallel dazu hatten Naturwissenschaftler damit begonnen, den Aufbau der Erde zu rekonstruieren. Wesentlich trug dazu die Erdbebenkunde (Seismologie) bei, die darauf abzielt, die von Erdbeben ausgelösten Stoßwellen zu studieren. Durch jahrzehntelange Aufzeichnungen und getragen vom Wissen, dass sich Stoßwellen abhängig von der Beschaffenheit der Materie unterschiedlich schnell durch einen Körper ausbreiteten, wurde es möglich, die Erdkugel in verschiedene Bereiche zu unterteilen – im Wesentlichen sind das die Erdkruste mit einer Stärke von bis zu 80 Kilometern, der Erdmantel mit einer Dicke von etwa 2900 Kilometern und der Erdkern, der etwa 3400 Kilometer mächtig ist und aus einem

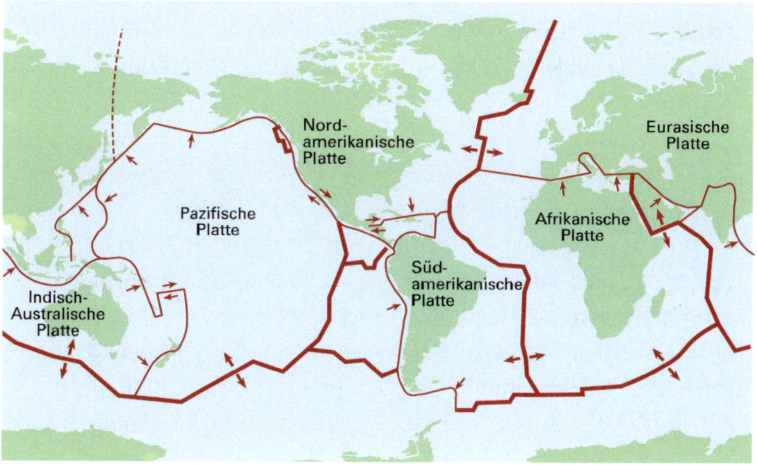

Die wesentlichen tektonischen Platten.

»Prozesse, die in und auf der Erde ablaufen, sind miteinander gekoppelt und bilden verzweigte Ursache-Wirkung-Ketten, die durch den Eingriff des Menschen in die natürlichen Gleichgewichte und Kreisläufe zusätzlich beeinflusst werden können.«
Beschreibung des »Systems Erde« in der Fachpublikation ›Geotechnologien‹ der Deutschen Forschungsgemeinschaft, 1999

äußeren flüssigen Teil aus Eisen besteht, in dem das Magnetfeld der Erde erzeugt wird, sowie dem inneren festen Teil mit Temperaturen um die 5000 Grad Celsius.

Der deutsche Mathematiker Carl Friedrich Gauß hatte in den 1830er und 1840er Jahren die Theorie des Erdmagnetfeldes beigesteuert. Damit konnte eine weitere entscheidende Aufgabe bewältigt werden: die Entschlüsselung der Naturkräfte, die für Erdbeben und Vulkane, für das Entstehen von Gebirgen und für die Bewegung ganzer Kontinente verantwortlich sind.

Den wichtigsten Beitrag lieferte hierbei die Theorie der Plattentektonik. Sie wurde in den 1960er und 1970er Jahren entwickelt. Ihr Wegbereiter war der in Berlin geborene Geophysiker Alfred Wegener, der zu Beginn des 20. Jahrhunderts mit seiner Theorie der Kontinentalverschiebung darlegen konnte, dass die riesigen Kontinente auf der Erdoberfläche einmal im Superkontinent Pangäa zusammengeschlossen waren.

Heute wissen wir, dass die Erdoberfläche aus einer bestimmten Anzahl großer, starrer Platten besteht, die sich relativ zueinander verschieben. Geologische Aktivitäten treten an den Plattengrenzen auf, weil gegenläufige Bewegungen nicht reibungslos abgehen. Dadurch werden ganze Gebirgsketten aufgeworfen, und bei Erdbeben entladen sich mechanische Spannungen im Gestein. Vulkane entstehen, wenn Ozeanböden an den Rändern der Kontinente unter die bis zu 100 Kilometer dicken Erdplatten geschoben werden. Ihre wassergesättigten Gesteine tauchen ab, das Wasser verdampft und kann mit Magma nach oben schießen.

Um letzte Klarheit über diese Prozesse zu erlangen, war es erforderlich, das Phänomen der Meeresbodenausbreitung zu entschlüsseln. Dieses Unterfangen begann Anfang der 1950er Jahre mit der Erfassung der weltweit existierenden Gebirgssysteme inmitten der Ozeane.

Hierzu zählt ein riesiger Meeresrücken im Atlantik – eine mehrere Kilometer mächtige Erhebung, die das Meer teilt. Die englischen Geophysiker Frederick Vine und Drummond Matthews erkannten 1964, dass sich der Meeresboden kontinuierlich ausbreitet, weil durch die Täler dieses Meeresrückens ständig neue basaltische Lava aufsteigt und den Meeresboden nach beiden Seiten wegschiebt.

Kontinuierlich wird so neue ozeanische Erdkruste gebildet, der Erdboden legt jedes Jahr ein paar Zentimeter zurück. Das hat zur Folge, dass die Kontinente zur Rechten wie zur Linken des Atlantiks (Afrika und Südamerika) auseinander wandern. Diese Bewegung wird an den Rändern des Pazifiks ausgeglichen, dem so genannten Feuergürtel: dort taucht die ozeanische Kruste unter die Kontinente ab, wodurch Vulkane entstehen. Der Meeresboden zwängt sich also durch die Meeresrücken zur Erdoberfläche, um ein paar Millionen Jahre später an den Rändern der Kontinentalplatten wieder im Erdinneren zu verschwinden.

Dieser Kreislauf bildet das Herzstück des »Systems Erde«. Er ist verantwortlich für unheilvolle Naturkatastrophen, er dirigiert auch die Strömungen in den Ozeanen und bestimmt damit die wesentlichen klimatischen Verhältnisse in der Erdatmosphäre.

Code des Lebens

Nach der Geburt der Evolutionstheorie und der ersten Niederschrift genauer Vererbungsgesetze durch Gregor Mendel war der Weg frei zur Entschlüsselung unseres Erbmaterials. Ab Anfang des 20. Jahrhunderts glückte dies Schlag auf Schlag: Der amerikanische Genetiker Thomas Hunt Morgan von der Universität Columbia zeigte 1910 in seinem Labor anhand von mikroskopischen Untersuchungen der Taufliege *Drosophila*, dass Gene auf Chromosomen innerhalb der Zellen liegen. Maßgeblich an der weiteren Aufklärung des »Lebenscodes« waren Physiker beteiligt, die sich zuvor eher selten mit der Biologie befassten. Sie übertrugen nun ihre Vorstellungen des Atommodells auf die Lebenswissenschaften.

Der aus Österreich stammende Erwin Schrödinger lokalisierte als Erster das Geheimnis des Lebens in einer »höchst geordneten Gruppe von Atomen«, die für ihn einen »Code der Vererbung« bildeten. Er veröffentlichte seine Sichtweise 1946 in seinem einflussreichen Werk ›Was ist Leben?‹. Dabei orientierte er sich an den Arbeiten des Nobelpreisträgers Max Delbrück, der schon 1934 als Physiker in Berlin postuliert hatte, dass Gene, wie auch die unbelebte Materie, eine bestimmte molekulare Struktur hätten, mit denen sich letztlich auch genetische Veränderungen erklären ließen.

Von den Genen wusste man nun, dass sie für die Vererbung verantwortlich waren. Ebenfalls bekannt war, dass ihre Träger, die Chromosomen, aus Desoxyribonukleinsäure (DNS bzw. DNA, A für englisch »Acid«, S für »Säure«) und aus Proteinen bestanden. Zunächst jedoch vermutete man letztere als Träger des Erbmaterials, weil die chemische Struktur der DNS als zu simpel erschien. 1944 lieferte ein Experiment des Forscherteams um Oswald T. Avery den Beweis, dass dennoch die DNS Träger der genetischen Information war. Durch einen Transfer von DNS in ein Bakterium konnten sie seine Eigenschaften verändern und dies auch bei nachfolgenden Generationen beobachten.

Zu Beginn der 1950er Jahre lieferten DNS-Röntgenstrukturanalysen von Rosalind Franklin das Ausgangsmaterial für den alles entscheidenden Durchbruch: Die beiden Jungstars der Naturwissenschaften James Watson und Francis Crick brachten in einem legendären Artikel der Fachzeitschrift ›Nature‹ von April 1953 die Struktur des Erbmaterials ans Tageslicht. Sie beschrieben sie als Doppelhelix. Um ihr Modell anschaulich zu machen, hatten sie aus Pappe, Metallscheiben und Draht jene Moleküle zusammengeklebt, von denen Delbrück 20 Jahre zuvor erstmals gesprochen hatte.

Damit lag ein Modell vor, mit dem auch erklärt werden konnte, wie der Träger der Erbinformation (der nach der Zeugung von Mann und Frau zunächst nur in Form einer einzigen befruchteten Eizelle vorliegt) im Laufe der Entfaltung eines Organismus mit hoher Präzision millionenfach kopiert und repliziert werden kann. Wie wir seit 1953 wissen, basiert dieser Prozess auf dem berühmten Doppelstrang, der aus zwei komplementären Molekülketten besteht, die sich der Länge nach auftrennen lassen und dessen beide Hälften sich durch Anlagern der sie ergänzenden Bausteine wieder zu einer vollständigen Doppelhelix komplettieren können.

Watson und Crick konnten ebenfalls darlegen, dass die komplette Erbinformation in einem simplen, universellen Code vorliegt: Die Natur hat dazu ein Alphabet aus nur vier Buchstaben gewählt. Wir bezeichnen sie mit den Anfangslettern der chemischen Basen, die diesen Code bilden: A für Adenin, G für Guanin, C für

Jeder Zellkern eines Menschen trägt einen kompletten Satz seines Erbguts (Genom), bestehend aus jeweils etwa 25 000 Genen. Gene bestehen aus einer langen Folge vier chemischer Basen: Adenin, Guanin, Cytosin und Thymin. Unser Genom besteht aus 3,2 Milliarden Basenpaaren. Sie sind in jedem Zellkern in insgesamt 46 Paketen, den Chromosomen, verpackt. Ein ausgewachsener Mensch hat schätzungsweise 100 Billionen Zellen. Würde man das Genom sämtlicher Zellen eines Menschen als langen Faden aneinander kleben, so wäre dieser etwa 200 Milliarden Kilometer lang.

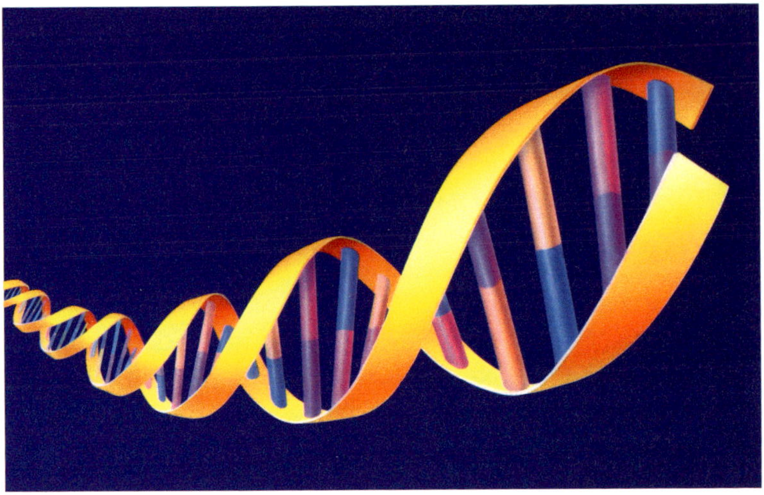

Modell der Doppelhelix.

Cytosin und T für Thymin. Sie sind auf den Chromosomen immer paarweise (AT und CG) angeordnet.

Als Folge dieses Jahrhundertdurchbruchs verzweigte sich ein wesentlicher Teil der Biologie in eine Informationswissenschaft, die sich seither mit der Entschlüsselung und Übersetzung dieser Codierung beschäftigt. Ihre erste Phase war geprägt durch groß angelegte Sequenzierprojekte. Die ersten Lebensformen, deren Erbgut vollständig gelesen wurde, waren Viren mit zumeist nur sehr wenigen Genen. Es folgten Bakterien, Tiere und schließlich auch das Humangenom. Die vollständige Sequenz des menschlichen Genoms – also der komplette Satz des Erbguts – wurde im April 2003 vorgestellt.

Die grundlegende Frage von Erwin Schrödinger »Was ist Leben?« kann demnach aus biologischer Sicht als beantwortet gelten. Ebenso jene nach dem Ursprung des Lebens: Obwohl es bei den Theorien zur Urzeugung des ersten Lebens auf unserem Planeten noch offene Fragen gibt, können wir davon ausgehen, dass alles mit einfachen einzelligen Bakterien begann. Über die Mechanismen der Evolution ging es von diesen Urträgern der Gene weiter zur uns bekannten Artenvielfalt, die auch den Menschen hervorbrachte.

Das Erbgut aller Lebewesen besteht aus den gleichen vier »Buchstaben«, nur die Anordnung ist – allerdings nicht übermäßig – verschieden: Es gibt eine Vielzahl weitgehend übereinstimmender Abschnitte (bei Mensch und Schimpanse sind die Gene zu 98,8 Prozent identisch). Die wesentlichen Unterschiede liegen in der Art und Weise, wie die Gene in den Zellen an- und ausgeschaltet werden, welche Proteine also wo und in welcher Menge zu welcher Zeit hergestellt werden. Die eigentlichen Akteure im Körper sind die Proteine, die nach den Bauplänen der Gene gebildet werden. Es gibt Hunderttausende verschiedene Typen, ihr Wechselspiel ist für alle Funktionen des Körpers verantwortlich. Alle Proteine bestehen aus nur 20 verschiedenen Aminosäuren, die als Bausteine des Lebens bezeichnet werden. Mit all diesen komplexen Fragen und Zusammenhängen beschäftigt sich die Genomforschung. Ihr Ziel ist es, die Gesamtheit der Gene eines Organismus, also die Konstruktions- und Kommandoebene des Körpers, in ihrem Wechselwirkungsgeflecht immer besser zu verstehen.

Genomforscher kennen das Alphabet und den langen Text, den es bildet. Seit einigen Jahren versuchen sie nun, im »Buch des Lebens« zu lesen. Dies geschieht in großen, interdisziplinären und internationalen Forschungszentren. Doch hier stehen die modernen Lebenswissenschaften, die zumeist unter der Bezeichnung Molekularbiologie firmieren, noch ziemlich am Anfang. Zwar gelang es schon 1973, das erste Lebewesen (ein Bakterium) gentechnisch zu verändern, und seither sind eine Vielzahl gentechnisch veränderter (rekombinanter) Mikroorganismen, Pflanzen und Tiere geschaffen und Krankheiten, die auf Gendefekten beruhen, besser verstanden worden. Doch die große Komplexität des Geschehens ist Garantie dafür, dass es hier auf ewig zu forschen gibt.

Mathematik

Die Mathematik liefert uns Antworten auf die Frage, ob unser Kontostand für den nächsten Urlaub ausreicht, sie bemisst die Stabilität von Bauwerken und errechnet unser Röntgenbild. Sie gibt Naturwissenschaftlern die Werkzeuge an die Hand, mit denen sie Naturvorgänge beschreiben können, sie steckt hinter jeglicher Technik und stellt Rechenmodelle bereit, die die Wirklichkeit beschreiben. Ausgehend von Grundannahmen (genannt Axiome) wie »Zwei nicht parallel verlaufende Geraden schneiden sich in einem Punkt« treffen Mathematiker weiter gehende Aussagen wie »Sie treffen sich nur einmal«, um dann deren Richtigkeit durch eine strenge logische Beweisführung herzuleiten.

Geht es um Ingenieursfragen, ist von »angewandter Mathematik« die Rede. Die »reine« Mathematik als Wissenschaft hingegen geschieht losgelöst von praktischen Zielen. Ihr geht es nicht um die Erforschung physikalischer Vorgänge. Sie sucht vielmehr nach einer logischen Sprache, um für alle möglichen Problemstellungen abstrakte Lösungswege zu formulieren. Die Mathematik zählt daher nicht zu den Naturwissenschaften, sie ist eine Geisteswissenschaft.

Seit Jahrhunderten beschäftigen sich Mathematiker und Philosophen mit der Frage, wie es sein kann, dass es der Mathematik gelingt, unsere Welt mitunter besser zu erfassen, als durch bloße qualitative Beschreibung physikalischer Vorgänge. Anders formuliert: Was bedeutet es, wenn wir von der Existenz logisch beweisbarer Formeln reden, die wir als »wahr« erachten und denen wir einen zeitlosen und objektiven Stellenwert einräumen, wo doch das mathematische »ist gleich« nicht im materiellen Sinne gemeint ist? Nirgends auf der Welt kann man die Kreiszahl »Pi« (π) als Objekt in einem Museum bewundern.

Der Gebrauch erster Zahlen begann vermutlich schon vor rund 11 000 Jahren in Zentralafrika. In den frühen Hochkulturen ab

3000 v. Chr. (in Ägypten und Babylonien) entwickelte sich ein ausgeprägtes Bedürfnis nach angewandter Mathematik, um beim Handel und bei der astrologischen Kalenderbestimmung genau vorgehen zu können. Die Mathematik als eigenständige Wissenschaft ohne Zweckbindung entstand im antiken Griechenland. Neben der Naturphilosophie war sie an den Denkerakademien die wichtigste Disziplin, um über das Universum abstrakt nachzudenken und das »Wesen« der Dinge zu ergründen.

Pythagoras von Samos, für den Zahlen »das eigentliche Wesen der Dinge« waren, beschäftigte sich mit der mathematischen Beschreibung von Proportionen: Sein berühmter »Satz des Pythagoras«, nach dem das Quadrat der längsten Seite eines rechtwinkligen Dreiecks gleich der Summe der Quadrate der beiden kürzeren Seiten ist ($a^2+b^2=c^2$), sorgte dafür, dass noch heute jeder Schüler seinen Namen kennt – wenngleich der Satz den Babyloniern schon 1000 Jahre vor ihm zumindest in den Längeneinheiten 3, 4 und 5 bekannt war.

Euklid definierte den Punkt, die Gerade, die Fläche und den Kreis, und er stellte den ersten Beweis an, dass es unendlich viele Primzahlen gibt (Zahlen, die nur durch 1 oder sich selbst teilbar sind). Sein 13-bändiges Werk ›Elemente‹ beinhaltete das gesamte mathematische Wissen seiner Zeit und wurde neben der Bibel zum am weitesten verbreiteten Buch. Die Griechen widmeten sich vor allem der Geometrie (auf Griechisch: Landvermessung) und legten wichtige Grundlagen der Arithmetik (Rechnen mit Zahlen), Algebra (Lösen von Gleichungen), Trigonometrie (Berechnung von Winkelfunktionen) und Analysis (Untersuchung von Grenzwerten).

Pierre de Fermat formulierte in Anlehnung an den »Satz des Pythagoras« sein berühmtes »Fermat'sches Theorem«, dass es keine von Null verschiedene, ganze Zahlen gibt, die der Gleichung $a^n+b^n=c^n$ genügen, wenn der Exponent n größer als 2 ist. Die Richtigkeit seiner Vermutung konnte erst 1994 durch den britischen Mathematiker Andrew Wiles nachgewiesen werden.

Aufbauend auf diesen Erkenntnissen wurde die Geometrie ab dem fünften Jahrhundert vor allem in Indien vorangebracht. Der Hindu-Mathematiker Brahma-Gupta führte die Zahl Null ein. Die Araber entwickelten auf Basis des nun vollständigen Dezimalsystems eine neue Algebra, Al-Khwarizmi aus Bagdad gilt als ihr Begründer. Im 11. Jahrhundert wurde die Null auch in Europa eingeführt, und mit Leonardo von Pisa, genannt Fibonacci, der die arabische Schreibweise der Zahlen einführte, erlebte die Mathematik im europäischen Mittelalter einen Aufschwung.

Mit dem Beginn der Neuzeit kam sie zu neuer Blüte. Im 15. Jahrhundert wurden die Algorithmen für die vier Grundrechenarten festgelegt: Dicke Wälzer mit umfangreichen Logarithmentafeln (Multiplikationstabellen) und anderen Rechenhilfen erschienen, einer davon ist als Redewendung »nach Adam Riese« bis heute im Umlauf. Ernst Adam Riese war einer der einflussreichsten Lehrbuchautoren seiner Zeit.

Im 17. Jahrhundert wurde die Infinitesimalrechnung entwickelt, ohne die es keine moderne Naturwissenschaft gäbe. Der deutsche Mathematiker Gottfried Wilhelm Leibniz und der englische Physiker Isaac Newton waren hier unabhängig voneinander bahnbrechend: Die zeitgenössischen Wissenschaften studierten vor allem die Veränderungen, die physikalische Systeme durchlaufen. Leibniz und Newton erfanden eine neue mathematische Sprache, um solche veränderlichen Vorgänge exakt darstellen zu können – zum Beispiel die Geschwindigkeit eines Sterns am Firmament oder die Beschleunigung eines vom Turm fallenden Steins.

In der Neuzeit ging es immer weniger um die Beschreibung »elementarer Größen« eines Objekts wie Länge, Höhe oder Masse, vielmehr interessierte die »Änderungsrate« solcher Ausgangsgrößen: die Geschwindigkeit als Änderungsrate »erster Ordnung«, mit der sich der Abstand eines Objekts von seinem Ausgangspunkt im Laufe der Zeit ändert, oder die Beschleunigung als Änderungsrate »zweiter Ordnung«, mit der diese Geschwindigkeit über die Zeit zu- oder abnimmt.

Mithilfe der Infinitesimalrechnung funktionierte dies, indem die zu untersuchenden Zeit-, Strecken-, Flächen- oder Raumabschnitte mathematisch in unendlich kleine (infinitesimale) Abschnitte zerlegt wurden. Mit dieser auch als Integral- und Differentialrechnung bekannten neuen Rechenart schlug die Stunde der Analysis, mit der sich seither abstrakte Funktionen, die sich bis in die Unendlichkeit fortsetzen können, ohne Rückgriff auf die Geometrie ausdrücken lassen. Der Schweizer Mathematiker Leonhard Euler wurde zu ihrem ersten großen Meister. Zu seinen wichtigsten Schriften zählte das 1755 erschienene Lehrbuch zur Differentialrechnung ›Institutiones calculi differentialis‹. Mehr als die Hälfte seiner Werke erschien nach seiner Erblindung 1771.

Ab dem 19. Jahrhundert wurden weitere Fundamente der modernen Mathematik gelegt: Wahrscheinlichkeitsrechnung und Statistik, die Mengenlehre und Chaostheorie, die sich mit den großen Auswirkungen kleiner Veränderungen befasst, und viele weitere Zweige entstanden. Die Mathematik erlebt seit Mitte des 20. Jahrhunderts einen neuen Boom. Grund dafür ist die Entwicklung des Computers, für den sie selbst die Grundlagen schuf.

Geburt und Tod unserer Welt

Urknall

Bis vor knapp einem Jahrhundert war es unstrittig, dass das Universum unveränderlich ist und nicht weiter als zur Milchstraße reicht. Anfang des 20. Jahrhunderts wurde dies revidiert. Der US-Astronom Edwin Hubble publizierte 1924 Messergebnisse, die er mit seinen neuartigen Spiegelteleskopen mit einem für damalige Verhältnisse sagenhaften Durchmesser von 2,5 Metern gewonnen hatte. Danach handelte es sich bei den beobachteten Sternennebeln am Firmament nicht nur um Teile der Milchstraße, sondern in Wirklichkeit um unzählige ferne Galaxien.

Bei ihrer weiteren Untersuchung stieß Hubble 1929 auf den nach ihm benannten »Hubble-Effekt«: Er bemerkte eine Verschiebung der Spektrallinien des Lichts, das von den Galaxien ausging, und schloss daraus, dass sie sich voneinander entfernten – je weiter weg sie von der Erde waren, desto schneller. Das Maß dieser so genannten Rotverschiebung erlaubte Hubble sogar Rückschlüsse auf die Ausdehnungsgeschwindigkeit. Er schlussfolgerte, dass das Universum kontinuierlich expandierte, und dass es irgendwann einmal einen definitiven Ursprung gab. Heute geht man davon aus, dass sich der Kosmos pro Jahrmilliarde um etwa fünf bis zehn Prozent ausdehnt.

Damit wurden die alten Lehren eines statischen Kosmos überfällig, die Idee des Urknalls war geboren. Hubble schätzte das Alter des Kosmos mit ein paar Milliarden Jahren zwar noch viel zu niedrig ein, auch bei seiner Größenschätzung lag er daneben – aber das wurde später korrigiert. Man geht heute davon aus, dass der »Hori-

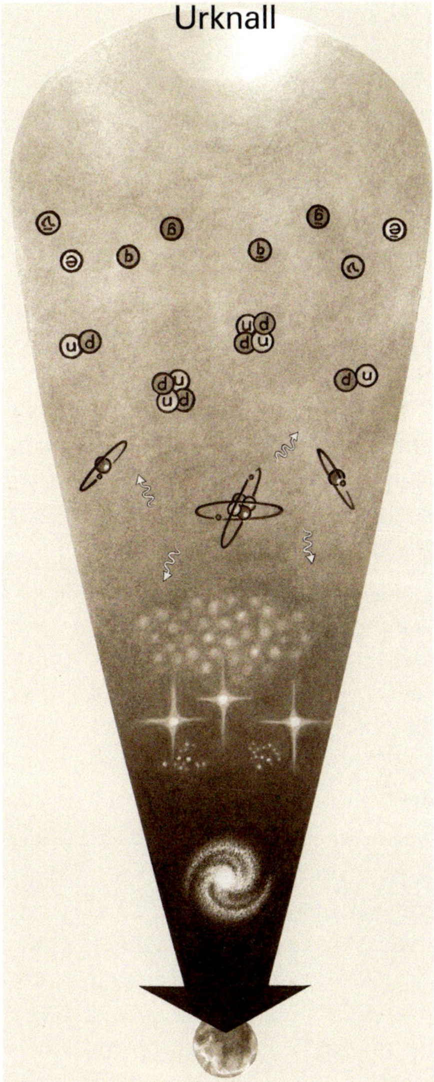

10^{-43} Sekunden 1 Quintilliarde Grad (= 10^{33})	Ursuppe
10^{-5} Sekunden 1 Billiarde Grad (= 10^{15})	Alle Teilchen im Gleichgewicht
1 Sekunde 1 Billion Grad (= 10^{12})	Helium- und Wasserstoffkerne
300 000 Jahre 3000 Grad	Helium- und Wasserstoffkerne, Photonen; das Weltall wird transparent
1 bis 3 Milliarden Jahre –260 Grad	Protogalaxien, Quasare
	Galaxien
15 Milliarden Jahre –270 Grad	Gegenwart

Schema der Urknalltheorie.

zont« des Universums rund 13,7 Milliarden Lichtjahre entfernt liegt. Er zeigt sich als das Licht, das sich bald nach dem Urknall auf den Weg in die Weiten des Weltalls machte.

Doch es sollte eine ganze Weile dauern, bis sich die Urknalltheorie durchsetzte. Nach einem Jahrzehnte dauernden Streit über die beste Erklärung und den ersten Nachweis für den »Bing Bang«, brachten 1965 der in München geborene US-Physiker Arno Penzias und sein Kollege Robert Woodrow Wilson erste Klarheit. Als sie mit einem riesigen »Weltraum-Ohr«, einem gigantischen Radioteleskop, das wegen seiner eigenartigen Form »Hornantenne« genannt wurde, in den Kosmos lauschten, bemerkten sie zufällig ein neues »Hintergrundrauschen«, das sie als Echo des Urknalls deuteten. Seitdem gehen die meisten Astronomen davon aus, dass sämtliche Materie-Energie unseres Universums tatsächlich einst auf kleinstem Raum komprimiert war und dass diese sich erst nach einem Urknall ausbreitete und den Kosmos formte.

Wie genau sich der Urknall abspielte, ist unklar. Viele Forscher gehen davon aus, dass das Universum schon etwa 500 000 Jahre nach dem »Bing Bang« so groß und die darin enthaltene Materie dermaßen verdünnt war, dass sich das erste Licht auf den Weg machen konnte. Die Lichtteilchen (Photonen) schießen, so die Lehre, seit dieser Zeit unabhängig von Materie durchs Weltall. Bestätigung fand dies in der Feststellung, dass das nach dem Urknall frei gewordene Licht überall im Universum gleichmäßig verteilt zu sein scheint. Auf dieses »Urlicht« mit einer Wellenlänge im Mikrowellenbereich waren Penzias und Wilson gestoßen – wir bezeichnen es heute als »kosmische Hintergrundstrahlung«. Nach Messungen des Satelliten COBE (Cosmic Background Explorer) von 1989 hat es überall im Universum weitgehend dieselbe Intensität von 2,726 Kelvin.

Weitere Bestätigung fand die Urknalltheorie durch Berechnungen von Kernphysikern, denen zufolge das Universum zu einem Viertel aus Helium und zu knapp drei Vierteln aus Wasserstoff bestehen musste. Dieser These lag die physikalisch herleitbare

Vorstellung zu Grunde, dass sich bei der unmittelbar nach dem Urknall einsetzenden Abkühlung des Ausgangsgemisches binnen Sekunden Neutronen und Protonen zu ersten Atomkernen verbanden. Hierbei sollten die beiden kleinsten chemischen Elemente, Wasserstoff und Helium, in einem ganz bestimmten Verhältnis entstanden sein. Durch Messungen im Weltraum konnte dies bestätigt werden.

Ganz am Anfang war das Universum also offenbar extrem komprimiert. Seine mit den Regeln der modernen Physik beschreibbare Geschichte begann aber erst direkt nach dem großen Knall. Sie wird in drei Ären unterteilt.

Die erste »Ära der Elementarteilchen« war nach nur 0,1-Milliardstel Sekunden vorüber. Die zweite »Ära der Nukleonenbildung« (Nukleonen sind die Bestandteile eines Atomkerns, also Neutronen und Protonen) hielt 300 000 Jahre an. Die dritte »Ära der Materie« dauert bis heute. In den ersten beiden Ären spielten die Ausdehnung und die damit verbundene Abkühlung des ursprünglichen Materie-Energie-Gemisches die entscheidenden Rollen. Sie sorgten dafür, dass sich Elementarteilchen bildeten: zunächst vor allem Lichtteilchen (Photonen), später verstärkt auch Protonen und Neutronen.

Nach etwa 300 000 Jahren war das Universum zwar immer noch rund 3000 Grad heiß, aber mittlerweile kalt genug, dass sich die Atomkerne aus Protonen und Neutronen mit Elektronen verbinden konnten. In der nun einsetzenden dritten Ära wurde die Gravitation zum entscheidenen Faktor. Es kam zur Bildung von Materiestaub und unzähligen Galaxien, Sternen und Planeten – darunter die Milchstraße mit unserem Sonnensystem.

Die Urknalltheorie wirft elementare Fragen auf: Wohin expandiert das Universum, wo doch ein Jenseits des Weltraums in unserer Vorstellungswelt nicht vorkommt? Ist die Ausdehnung des Kosmos unendlich möglich, oder wird sich die Bewegung irgendwann umdrehen und alles in einem »Endknall« verschwinden?

Bildung des Sonnensystems

Pierre Simon Laplace lieferte eine erste schlüssige Theorie über die Entstehung unserer Sonne. Seiner Meinung nach hatte sie sich aus einem rotierenden Gas- und Staubnebel gebildet, der bei einer Sternenexplosion (die heute als Supernova bezeichnet wird) entstanden war. Das Laplace'sche Modell wurde durch die moderne Astronomie und Kosmologie bestätigt.

Heute können wir mit Gewissheit sagen, dass sich die Sonne aus einem solchen Nebel formte. Ebenso sicher kann man davon ausgehen, dass dieser Nebel nicht unmittelbar beim Urknall des Universums ins All geschleudert wurde. Vielmehr handelt es sich bei unserer Sonne um Recyclingmaterial: Sie hat sich aus Überresten älterer Sterne gebildet und gehört mindestens zur zweiten Generation. Das wissen wir, weil sie und das sie umgebende Planetensystem einschließlich der Erde schwere chemische Elemente (wie Eisen, Magnesium, Silizium oder Sauerstoff) enthalten, die es noch nicht gab, als die ersten Sonnensysteme aus der Taufe gehoben wurden.

Den ursprünglichen Werdegang unserer Sonne stellt man sich so vor: Zunächst entstand nach einer Sternenexplosion ein energiegeladener Nebel aus Staub und Gas. Durch die Schockfront einer weiteren Supernova fiel der Nebel in sich zusammen und begann zu rotieren. Es kam dabei zur Ausbildung einer riesig großen Scheibe aus Gas und Staub, die sich um ein Zentrum drehte, das immer mehr Energie und Masse anzog. Diese so entstandene »Protosonne« in der Scheibenmitte zündete schließlich: aufgrund der extremen Komprimierung begannen Wasserstoffatome miteinander zu verschmelzen. Gigantische Energiemengen wurden freigesetzt.

Seitdem »brennt« unserer Sonne als Folge einer kontinuierlich stattfindenden Wasserstoff-Kernfusion. Der Mittelpunkt der Sonne gleicht also einem Kernreaktor, er hat eine Temperatur von etwa 15 Millionen Grad und seine Energieleistung entspricht 400 Trillionen Großkraftwerken mit je 1000 Megawatt. Jede Sekunde ihrer bisher etwa fünf Milliarden Jahre langen Existenz verwandelt die Sonne vier Millionen Tonnen Masse in Energie. Gelänge es, ihren Energieausstoß nur eine Sekunde lang aufzufangen, könnte der wachsende Energiebedarf der Erdbewohner viele Milliarden Jahre gedeckt werden.

Im Laufe der Zeit hat sich in unserem Sonnensystem mit einem Durchmesser von fast zwölf Milliarden Kilometern das restliche Inventar gebildet. Neben der Sonne (dem einzigen Stern unserer Galaxie) sind die uns bislang geläufigen neun Planeten entstanden, die auf elliptischen Bahnen um sie herum kreisen. Mit zunehmendem Abstand zu ihr sind das Merkur, Venus, Erde, Mars, Jupiter, Saturn, Uranus, Neptun und Pluto. Verbesserte Beobachtungstech-

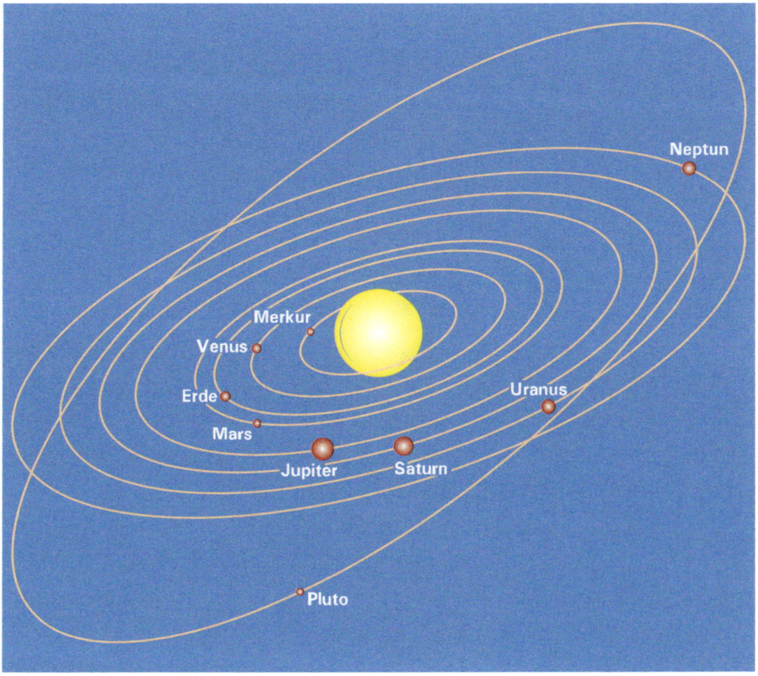

Unser Sonnensystem.

niken lassen vermuten, dass in Zukunft noch weitere große Himmelskörper entdeckt werden, die als Planeten unseres Sonnensystems einzustufen sind. Als möglicher zehnter Kandidat wird seit einiger Zeit Xena gehandelt. Er hat einen Durchmesser von etwa 2400 Kilometern und ist damit rund fünf Prozent größer als Pluto, hinter dem er liegt. Darüber hinaus gibt es Tausende Asteroiden (Kleinplaneten), Meteoroiden (kleine Asteroiden) und Kometen (Himmelskörper aus festen und gasförmigen Teilchen, die einen Schweif hinter sich herziehen) sowie eine Menge Materiestaub.

Die Planeten bildeten sich aus der rotierenden Gas- und Staubscheibe, in deren Zentrum die Protosonne lag. Sandkorngroße Materieklümpchen prallten beim Lauf um sie herum immer wieder aufeinander. Allmählich wurden größere Brocken daraus, die nach ein paar Millionen Jahren einige Kilometer dick waren und dank ihrer wachsenden Anziehungskräfte den Materiestaub aus dem Weltall filtern konnten. So blieben am Ende die großen Planeten übrig und dazu der Asteroidengürtel zwischen Mars und Jupiter.

Unser Heimatplanet wuchs während dieses Schauspiels im Laufe von rund zehn Millionen Jahren zu dem, was er heute ist. Die Erde hatte dabei etliche Materiebrocken zu schlucken, die sich ihr auf ihrer Umlaufbahn um die Sonne in den Weg stellten. Die Aufprallenergie bei diesem kosmischen Bombenhagel war unvorstellbar groß. Die pausenlosen Einschläge über Millionen von Jahren ließen an der Erdoberfläche ausgedehnte Vulkanlandschaften und Ozeane aus geschmolzenen Gesteinen entstehen. Infolge der wachsenden Erdanziehungskräfte sanken die schwereren Elemente (vor allem Eisen und Nickel) nach innen, wo sie den Erdkern bildeten. Die leichteren Elemente (Silizium, Magnesium, Aluminium und Sauerstoff) wurden später zur Erdkruste.

Im Laufe der langen Zeit sind vermutlich alle großen Brocken aus der Erdumlaufbahn geräumt worden. Dennoch fallen immer noch jährlich Zehntausende von kleineren Materieteilchen auf die Erde. Bei diesen uns als Sternschnuppen bekannten Eindringlingen handelt es sich meist um Meteoroiden, die verglühen, wenn sie die Erdatmosphäre durchqueren. Landen Reste davon auf der Erde, ist die Rede von Meteoriten – begehrte Forschungsobjekte, weil sie weiteren Aufschluss über die Entstehung unseres Universums geben.

Die frühe Periode der Erdentstehung begann vor etwa 4,5 Milliarden Jahren. Unklar ist, wie lange der ursprüngliche Magma-Ozean existierte, fest steht, dass die Erde damals im Laufe einiger zig oder hundert Millionen Jahre ihren grundsätzlichen Aufbau bekam. Man spricht deshalb von ihrer formativen Phase. Seit ihrem Abschluss, als sich die Erde weitgehend abgekühlt hatte, hat sie einen Durchmesser von etwa 12 700 Kilometern, wiegt knapp sechs Trilliarden Tonnen und kreist auf einer elliptischen Bahn mit gemittelten 150 Millionen Kilometern Abstand um die Sonne.

Auf diese Weise sind alle Planeten unseres Sonnensystems entstanden. Ähnlich verhält es sich auch mit dem Erdtrabanten Mond. Lange Zeit bereitete er Wissenschaftlern Kopfzerbrechen, weil er mit immerhin einem Viertel des Erddurchmessers erstaunlich groß ist. Zudem hat er eine ungewöhnliche Zusammensetzung: Er enthält Material, das im Erdmantel gefunden wurde, aber keine schweren Elemente wie Eisen, und er kreist um die Erde. Der Schluss lag nahe, dass der Mond nur ein Erdspritzer ist. Jüngsten Erkenntnissen zufolge entstand er in der Frühphase der Erdentstehung, als unser Heimatplanet mit einem Himmelskörper von der Größe des Mars zusammenprallte. Dabei wurde aus dem Einzelplanet Erde der Doppelplanet Erde-Mond.

> Die Erde hat außer dem Mond einen weiteren Trabanten. Er wurde 1986 entdeckt, hört auf den Namen »Cruithne-3753« und hat einen Durchmesser zwischen einem und zehn Kilometern. Am erdnächsten Punkt seiner elliptischen Bahn ist er 15 Millionen Kilometer von der Erde entfernt.

Der Mond ballte sich also aus den Trümmern dieses gewaltigen Einschlags zusammen. Er war zunächst ebenfalls von einem Ozean aus flüssigem Magma bedeckt, bevor das Gestein kristallisierte und binnen einiger Jahrmillionen eine Kruste herausbildete.

Beginn des Lebens

Weit mehr als drei Milliarden Jahre müssen wir zurückblicken, um auf die ersten Lebensformen auf der Erde zu stoßen. In den Worten des deutschen Romanciers Jean Paul entwickelten sich damals »elternlose Leben-Krystallisationen« in der »gärenden Saftzeit des Weltfrühlings«.

Wissenschaftlich fundierte Vorstellungen über das erste irdische Leben basieren auf den Erkenntnissen der Evolutionstheorie und der Genomforschung, nach denen alles Leben einen gemeinsamen Ursprung hat. Doch wie begann es? Als ausgeschlossen gilt, dass es eine einzige, erste »Urzelle« gab. Vielmehr geht man von einer Art ursprünglichem »Gen-Kollektiv« aus, in dem die Vorläufer der ersten einzelligen Lebewesen ihr Erbmaterial untereinander tauschten.

Dies funktionierte bis zur so genannten »darwinschen Schwelle«. Ab hier wurden die Zellgebilde komplizierter, und es entstanden komplexere Mechanismen zur Weitergabe der Gene. Die einzelligen Urbakterien kopierten sie zu diesem Zweck vollständig und gaben die Kopien an Tochterzellen weiter. So begann der Baum des Lebens zu wachsen und sich immer mehr zu verzweigen.

Doch die Voraussetzung dafür muss ein einzigartiger Prozess gewesen sein, der aus toter Materie erstes Leben entstehen ließ. Wir bezeichnen ihn nach dem Russen Aleksandr Oparin als »chemische Evolution«. 1953 gelang es auf Basis seiner Theorie dem Chemiestudenten Stanley Miller, aus einem Gemisch aus »toten« chemischen Stoffen (darunter Kohlenstoff, Wasserstoff und Stickstoff), welches er in einem Glaskolben mit elektrischen Blitzschlägen traktierte, Aminosäuren (die Bausteine für Proteine) wachsen zu lassen. Das »Miller-Experiment« hatte mit den wirklichen Verhältnissen in der Urzeit wenig Ähnlichkeit. Dennoch legte es nahe, dass auch die Bestandteile des ersten irdischen Lebens durch eine chemische Reaktion entstanden waren.

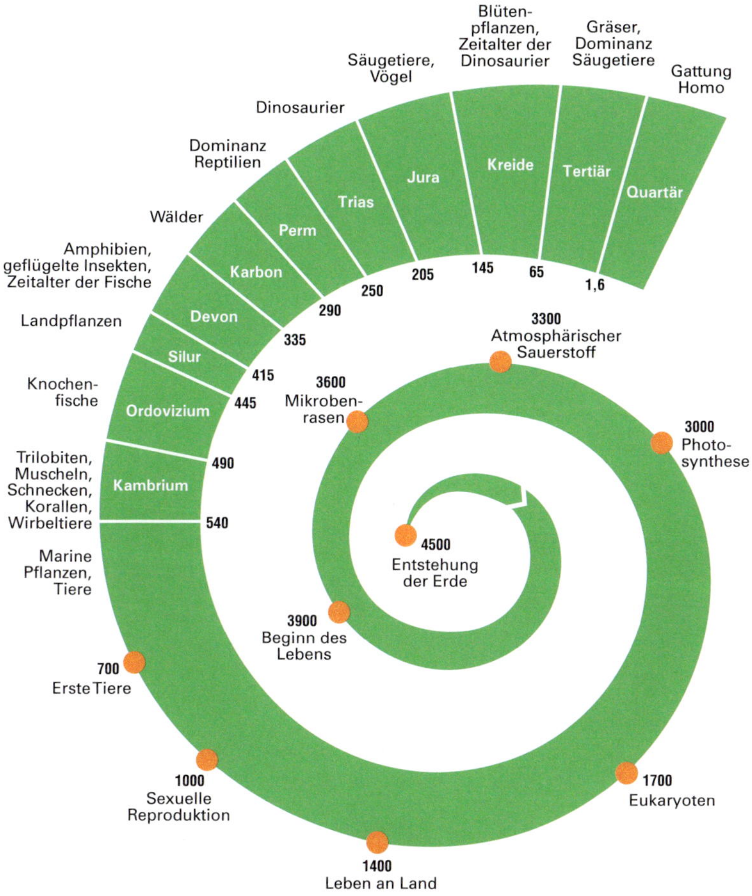

Zeitskala der Erde (Zeitangaben in Millionen Jahren).

Fortan beschäftigte sich die Biologie mit der Frage, wie und wo jene Urreaktion stattgefunden hat. Auf der Erde oder im Universum? Die Frage ist bis heute ungeklärt. Viele Forscher gehen davon aus, dass dieser Prozess schon lange vor der Entstehung der Erde geschah, zu einer Zeit, als unser Sonnensystem erste Gestalt annahm. Rückhalt erhielt diese Position, als russische Forscher ein paar Krümel Monderde in einem Vakuum mit UV-Licht bestrahlten. Dabei entstanden einteilige organische Moleküle (Monomere), die auch Bestandteile der Desoxyribonukleinsäure (DNS) sind, welche unsere Chromosomen bildet. Es ist seither umso plausibler anzunehmen, dass diese Monomere schon vor der Entstehung der Erde im Universum herumschwirrten, dass sie also schon zur kosmischen Grundausstattung unseres Heimatplaneten zählten und dass das irdische Leben deshalb sogleich mit der Bildung mehrteiliger Moleküle (Polymere) loslegen konnte. Als der Komet »Hale Bopp« 1997 an der Erde vorbeirauschte, wurden bei Messungen organische Bausteine in ihm entdeckt, die ebenfalls für diese Theorie einer ursprünglichen Bioinvasion auf der Erde sprechen.

Doch auch die Theorien über eine Urzeugung auf der Erde sind nicht unter den Teppich zu kehren. Wie konnten aus einfacher Aminosäure Proteine und lebende Zellstrukturen hervorgehen? Ein entscheidender Schritt könnte ein molekularer Mechanismus gewesen sein, der »Primärpumpe« genannt wird, durch den sich die Aminosäuren in einer Art »Ursuppe« zu längeren Ketten, so genannten Peptiden, zusammenfügten.

Hierfür war eine schützende Membran vonnöten – und schon scheiden sich wieder die Geister: Die einen vermuten diese ursprüngliche Bildung von Zellstrukturen in Süßwasserreservoirs an Land. Andere meinen, sie lagen in 350 Grad heißen Quellen der Tiefsee, die als »Schwarze Raucher« bezeichnet werden. Ob die Frage nach dem genauen Wie und Wo der Urzeugung jemals geklärt wird, steht in den Sternen, denn die »chemische Evolution« hat uns keinerlei Zeugnisse hinterlassen.

Fest steht indes, dass vor etwa 3,8 Milliarden Jahren die ersten Einzeller und damit erste irdische Lebensformen existierten (zum Vergleich: ein Mensch besteht aus etwa 100 Billionen Zellen). Zellen sind geschlossene Systeme, die über einen kompletten Satz des Erbmaterials verfügen, sie haben einen eigenen Energiestoffwechsel, können sich teilen, ihre Gene vervielfältigen und weitergeben und sind damit der Kern allen Lebens, das seit der Urzeugung seinen irdischen Lauf nahm. Aus der Urzeit bis zur ersten Periode auf der Zeitskala der Erde – dem »Kambrium«, das vor rund 540 Millionen Jahren begann – wissen wir nur wenig, weil die wenigsten unserer Vorfahren Versteinerungen hinterließen. Aus diesem Grund werden die ersten drei Milliarden Lebensjahre auf der Erde als »Kryptozoikum«, das »Zeitalter des verborgenen Lebens« bezeichnet.

Kambrische Explosion

Mithilfe der Darwin'schen Evolutionstheorie und der modernen Genetik ist es gelungen, die Abstammungslinien fast aller Lebewesen nachzuzeichnen und zu klassifizieren. Eine ganz elementare Unterscheidung, die hierbei getroffen wurde, ist die zwischen Einzellern ohne Zellkern (Prokaryoten) und Lebewesen, deren Zellen über einen Zellkern verfügen (Eukaryoten). Uns interessieren vor allem letztere, denn zu ihnen zählt der Mensch.

Die Eukaryoten schufen einen schier unglaublichen Formenreichtum. Zurückzuführen ist das vermutlich darauf, dass sie vor rund zwei Milliarden Jahren anfingen, Bakterien zu verschlucken, ohne sie zu verdauen. Die Bakterien lebten als »innere Organe« weiter und übernahmen in dieser Symbiose bestimmte Aufgaben. Zudem bildeten sich immer größere Zellgemeinschaften, wobei die Zellen sich spezialisierten. So verfügt der Mensch über gut 200 verschiedene Zelltypen, die je nach Programmierung die Leber, das Herz oder die Haut sowie all die anderen Organe und Gewebe des menschlichen Körpers bilden.

Biologen haben den Eukaryoten-Stamm in vier Reiche unterteilt: dazu zählen Pflanzen, Tiere und Pilze sowie der große, noch weitgehend unbekannte Rest einzelliger Organismen mit Zellkern (genannt Protisten). Dabei gilt als wichtiges evolutionäres Gesetz

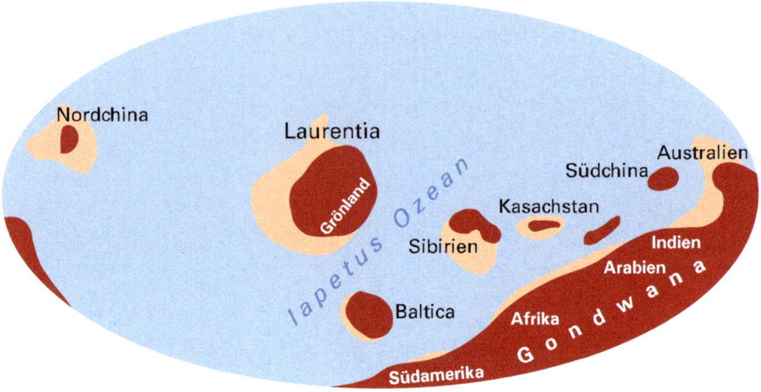

Zu Beginn des Kambriums war ein Großteil der Kontinente in der Landmasse Gondwana vereint: Südamerika war an Afrika angeschmiegt, Australien, Indien und die Antarktis zählten ebenfalls dazu. Vor etwa 250 Millionen Jahren gab es eine noch größere Landmasse: Pangäa umfasste alle heutigen Kontinente.

auf der Stufenleiter des Lebens, dass Organismen, die von Pflanzen abstammen, auch wieder Pflanzen sind usw. Die Frage, welches der vier Reiche zuerst da war, wird aus heutiger Sicht folgendermaßen beantwortet: Die Pflanzen trennten sich in ihrer Entwicklung zuerst von einem gemeinsamen Vorgänger von Tieren und Pilzen. Letztere verzweigten sich erst später. Der Mensch als Mitglied des Tierreichs ist demnach mit einem Champignon enger »verwandt« als mit einer Birne.

Im Tierreich gibt es etwa 35 Stämme, die in etliche Klassen (z.B. Wirbeltiere) unterteilt sind, welche sich in noch viel mehr Arten (allein bei den Wirbeltieren 46 500) verzweigen. Eine Vielzahl der Stämme entstand im Zuge der »kambrischen Explosion«, die vor etwa 540 Millionen Jahren einsetzte. In erdhistorischer Perspektive auf einen Schlag entwickelte sich damals die Urfamilie fast aller späteren Tiere.

Als Auslöser gelten gewaltige Veränderungen der Umwelt. Rund 210 Millionen Jahre vor dem Einsetzen der »kambrischen Explosion« (also vor etwa 750 Millionen Jahren) hatte sich vermutlich ein Superkontinent gebildet, bei dem alle uns heute bekannten Kontinente miteinander verbunden waren. Der Berliner Geologe Hans Wilhelm Stille nannte ihn »Megagäa«.

Die plattentektonischen Aktivitäten der Erde sorgten jedoch dafür, dass der präkambrische Superkontinent binnen Jahrmillionen wieder zerbrach und seine einzelnen Fragmente auseinander trieben. Übrig blieb eine große Landmasse. Sie wurde später »Gondwana« getauft und existierte auch noch zu Beginn des Kambriums.

Der steigende Meeresspiegel führte dazu, dass große Bereiche dieser kontinentalen Landmasse überflutet wurden. Riesige Flachwassermeere entstanden, die aufgrund ihrer äquatornahen Lage warmes Wasser führten. Das bot ungekannten Experimentierraum für die Entwicklung neuer Lebensformen. Die flachen Meeresregionen um Gondwana werden deshalb als Geburtsstätten vieler Tier- und Pflanzenarten angesehen. Die zunehmend kalkhaltige Nahrung als Folge organischer Ablagerungen bot den neuen Organismen bald die Möglichkeit, eigene Schutzschichten zu entwickeln, die sie vor Beschädigungen bewahrten und als Schutz gegen Fressfeinde dienten. Die ersten Muscheln, Schnecken, Krebse und Korallen entstanden.

Die meisten neuartigen Tiere und Pflanzen lebten zunächst im oder auf dem schlammigen Meeresboden, und sie waren nur wenige Millimeter oder Zentimeter groß. Ihre Landnahme ließ allerdings nur noch ein paar hundert Millionen Jahre auf sich warten.

Auf das Kambrium folgte vor rund 490 Millionen Jahren das Ordovizium, das den Urtintenfisch Nautilus hervorbrachte, gefolgt vom Silur vor etwa 445 Millionen Jahren, wo sich Seeskorpione schon gelegentlich an Land wagten und erste Pflanzen den steinigen Boden bedeckten. Anschließend folgte vor etwa 415 Millionen

Jahren das Devon, währenddessen sich die Pflanzenwelt an Land entfaltete und große Fische mit Knochenpanzern und Knorpelskeletten (zu denen Hai und Rochen zählen) entstanden. Aus den Fischen wurden erste Amphibien mit Beinen und Füßen, während das Land von ersten Spinnen, Hundertfüßlern und flügellosen Insekten bevölkert wurde. Während des Karbons vor zirka 355 Millionen Jahren gab es erstmals große Wälder, die Lebensraum für unzählige, jetzt auch fliegende Insekten boten (darunter Libellen mit 70 Zentimetern Flügelspannweite), nach denen große Amphibien wie der bis zu drei Meter lange Panzerlurch jagten. Ab dem Perm vor etwa 290 Millionen Jahren gesellten sich schließlich auch die ersten Reptilien hinzu. Mit dem Entstehen großer Tiere dominierte nun endgültig die Frage nach dem Fressen oder Gefressenwerden. Im wahrsten Sinne des Wortes »tierischer Hunger« wurde zu einem zentralen Antrieb der Evolution. Die »kambrische Explosion« hatte den Ausschlag dafür gegeben.

Massensterben

Bald nach der kambrischen Explosion der Lebensvielfalt sollte es in der Evolution zwei mächtige Rückschläge geben. Der erste ereignete sich beim Übergang von Perm zu Trias vor etwa 250 Millionen Jahren. Zuvor hatten sich Reptilien auf der Erde breit gemacht. Es gab erste Furcht einflößende Gestalten, die mit zum Teil riesigen Segelkonstruktionen am Rücken die Vorläufer von Flügeln mit sich trugen. Doch dann kam es mit der Perm-Trias-Krise zur schwersten Katastrophe, die unserem Planeten jemals widerfuhr. Binnen einiger Jahrmillionen starben 75 Prozent aller Amphibien-, 80 Prozent aller Reptilien- sowie rund 90 Prozent aller Meeresbewohnerarten aus. Den unheilvollen Naturkräften weitgehend trotzen konnten lediglich die Landpflanzen, die es am ehesten gewohnt waren, in unwirtlichen Umweltbedingungen zurechtzukommen. Die Verwüstungen auf der Erde, die sich an den abrupten Veränderungen der Fossilienüberlieferungen dieser Epoche ablesen lassen, waren so verheerend, dass in der Zeitskala der Erde an dieser Stelle die Grenze zwischen der Ära des »Paläozoikum« (Erdaltertum) und des »Mesozoikum« (Erdmittelalter) gezogen wurde.

Geologen vermuten, dass die größte uns bekannte Vernichtung von Leben durch eine Kombination katastrophaler Vorgänge ausgelöst wurde: Möglicherweise schlug ein Asteroid auf der Erde ein, oder es kam in der Nachbarschaft unserer Galaxie zu einer Sternenexplosion. Stichhaltige Hinweise gibt es für die These, dass das Kommen und Gehen des Superkontinents Pangäa, der die komplette Landmasse der Erde umfasste, maßgeblich daran beteiligt war. Infolge der tektonischen Verschiebungen der kontinentalen und ozeanischen Erdkruste gab es wahrscheinlich schwerste Erdbeben und riesige Vulkanlandschaften.

Gewaltige Eruptionen müssen sich im heutigen Sibirien abgespielt haben. Vulkane spuckten dort schätzungsweise zwei Millionen Kubikkilometer Gesteinsglut auf eine Fläche, die so groß war wie das heutige Europa. Am Ende lag sie unter einer bis zu drei Kilometer dicken Lavaschicht begraben. Untersuchungen dieser sibirischen »Traps« lassen vermuten, dass sich dieses gnadenlose Schauspiel über 600 000 bis 800 000 Jahre hinzog.

Als Folge traten auch große Mengen Giftgase aus. Lebensfeindlicher hätte Pangäa kaum sein können, die großen Ozeane glichen einem Massenfriedhof. Der blanke Überlebenskampf um

Die Grenzen in der Zeitskala der Erde stehen für Veränderungen der Fossilienüberlieferungen, was darauf hindeutet, dass Lebensarten ganz oder teilweise verschwanden und neue entstanden. Die beiden Massensterben in der Evolution markieren die Übergänge vom Erdaltertum zum Erdmittelalter vor 250 Millionen Jahren und von dort in die Erdneuzeit vor 65 Millionen Jahren.

die knappen Ressourcen tat das Übrige, um das Leben auf der Erde fast vollständig auszulöschen.

Vor der Perm-Trias-Krise gab es auf der Erde bereits vielfältige und komplexe Lebensformen. Zu den wenigen überlebenden Tierarten zählten anschließend vor allem anspruchslose Kleinlebewesen. Es folgte eine Periode ausgeprägter Artenarmut. Rund 100 Millionen Jahre sollte es dauern, bis das alte Maß der Artenvielfalt wieder erreicht war. Doch die Evolution war nicht aufzuhalten, und so wurden auch viele Tierarten, die das Massensterben überstanden, aufgrund »normaler« evolutionärer Prozesse bald durch neue ersetzt.

Im Trias entwickelten sich dann die Dinosaurier. Etwa 150 Millionen Jahre lang waren sie die Herrscher der Erde. Im Jura, das vor 205 Millionen Jahren begann, tauchen zudem die ersten Säugetiere auf, während sich die Dinos zu immer grässlicheren Bestien mauserten: Im Meer gibt es den Fischsaurier (*Ichtyosaurier*) sowie riesige Krokodile. In der Luft kreist der Urvogel *Archaeopteryx*, dessen erste versteinerte Feder 1860 in Bayern entdeckt wurde. Der Siegeszug der Dinos setzte sich auch in der Kreidezeit fort. Es gab sie nun in allen möglichen Gewichtsklassen und Größen. Der kleine Raubsaurier *Compsognathus* hatte eine Gesamtlänge von 65 Zentimetern, der *Supersaurus* kam auf bis zu 50 Meter, der *Brachiosaurus* brachte 80 Tonnen auf die Waage. Parallel dazu entwickelten sich die Blütenpflanzen und mit ihnen Insekten, Vögel und kleine Säugetiere.

Doch dann kam es beim Übergang von der Kreidezeit zum Tertiär zur zweiten großen Katastrophe. Der Einschlag eines Asteroiden auf die Halbinsel Yukatan im heutigen Mexiko gilt als mitverantwortlich für das Ende des Erdmittelalters und den Beginn der Erdneuzeit (»Känozoikum«). Erst 1978 konnte der Wissenschaftler Walter Alvarez gemeinsam mit seinem Vater, dem Physik-Nobelpreisträger Louis Alvarez Spuren für diese These einer außerirdischen Ursache des Massensterbens vor 65 Millionen Jahren finden. In für die Periode typischen Sedimenten fand er bei Gubbio in Ita-

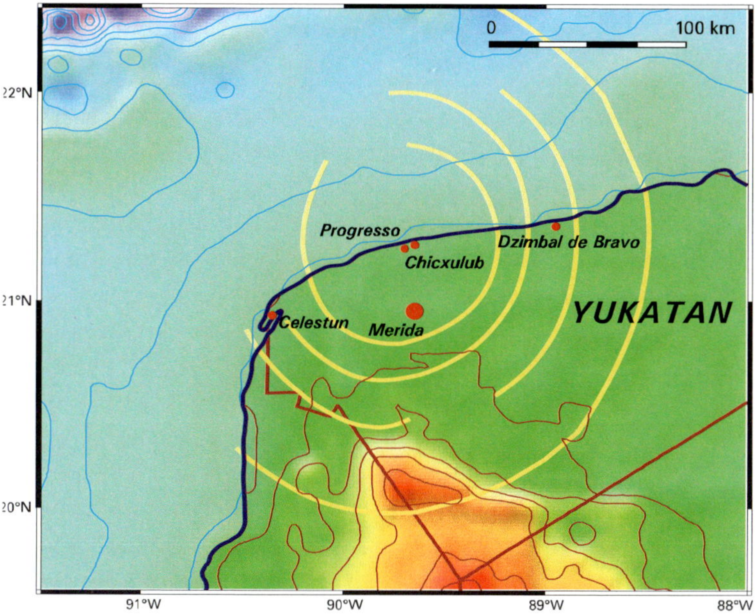

Krater auf Yukatan, wie er sich in den Erdschichten abzeichnet.

lien ungewohnt große Mengen an Iridium – ein seltenes schweres Edelmetall, das sich hauptsächlich im Erdkern befindet und in Meteoroiden nachweisen lässt. Daraus schloss er, dass ein etwa zehn Kilometer großer Asteroid auf die Erde eingeschlagen war. Später wurde auf Yukatan und im angrenzenden Meer der etwa 200 Kilometer breite, zehn Kilometer tiefe und mit 400 Meter hohen Kalksedimenten gefüllte Einschlagkrater, genannt Chicxulub, entdeckt.

Noch ist unklar, welchen Anteil dieser Asteroideneinschlag am damaligen Massensterben hatte. Untersuchungen jüngeren Datums lassen darauf schließen, dass er nur einen wesentlichen Beitrag dazu leistete. Weitgehend Einigkeit herrscht darüber, dass aufgrund gravierender Klimaveränderungen die Photosynthese der

Pflanzen gestoppt und damit die Nahrungskette vieler Tiere zerstört wurde. Und fest steht, dass rund 70 Prozent aller Lebensarten auf der Erde vernichtet wurden, darunter die Dinosaurier.

Was den Asteroiden angeht, geht man davon aus, dass der Aufprall die milliardenfache Kraft der Atombombe von Hiroshima hatte und 50 000 Kubikkilometer Gestein verdampfen ließ. Die zuvor feste Materie wurde als Gas und kleine Partikel in die Atmosphäre geschleudert, wo sie die Sonne verdunkelte und aggressive Salpetersäure bildete, die auf die Erde abregnete.

Ab dem Tertiär machten sich dann die verbliebenen Säugetiere auf der Erde breit und die jüngeren Vorfahren der uns bekannten Tiere und Pflanzen entwickelten sich, darunter Schweine, Katzen, Bären, Elefanten, Giraffen und Affen. Vor etwa sechs bis sieben Millionen Jahren trennten sich die Entwicklungslinien von Mensch und Schimpanse. Die älteste Menschenspezies, *Homo habilis*, entwickelte sich in Afrika vor rund zwei Millionen Jahren. Als einziger der Gattung Homo trat vor 160 000 Jahren der *Homo sapiens* auf den Plan. Glücklicherweise ist er bislang von vergleichbaren Naturkatastrophen verschont geblieben.

Ende der Welt

Wie man es auch dreht und wendet: Die Naturwissenschaften lassen wenig Zweifel daran, dass unser Dasein auf der Erde nicht von Ewigkeit sein wird. Irgendwann wird es weder irdisches Leben noch unseren Heimatplaneten noch die Sonne oder unsere Galaxie geben. Möglicherweise wird sogar das ganze Universum wieder verschwinden.

Fangen wir in der Zeitskala der denkbaren Apokalypsen am Schluss an: Letztendlich ist der Werdegang des gesamten Kosmos ausschlaggebend. Die vorherrschende Expertenmeinung ist, dass er seit dem Urknall vor etwa 13 Milliarden Jahren expandiert. Wir wissen aber durch das Gravitationsgesetz, dass sich alle Materie gegenseitig anzieht, und daraus können wir schließen, dass diese Schwerkraft der Ausdehnung des Kosmos eigentlich entgegenwirkt.

Drei Szenarien werden als möglich erachtet. Erstens ist es vorstellbar, dass die Anziehungskräfte irgendwann die Oberhand gewinnen und das Universum beginnt, sich wieder zusammenzuziehen. Je nach Geschwindigkeit dieses Prozesses, von dem niemand schätzen kann, wann er möglicherweise beginnen könnte, kann es ein paar hundert Milliarden Jahre dauern, bis sich dann sämtliche Materie-Energie wieder vollständig komprimiert hat und das Universum mit einem »Endkrach« in einen Prä-Urknall-Zustand verfällt.

Zweitens ist denkbar, dass sich das Universum kontinuierlich weiter ausbreitet und in unendliche Weiten vordringt. Die Physik lehrt uns allerdings, dass die Gesamtenergie eines geschlossenen Systems (als das der Kosmos betrachtet werden kann) immer gleich bleibt. Zudem wissen wir über den »Entropiesatz« der Wärmelehre, dass die Wärmeenergie in solchen Systemen danach strebt, sich gleichmäßig auf alle Materie zu verteilen. Die privilegierte Wärmeversorgung der Sonnensysteme würde dadurch irgendwann aufgebrochen, das Universum immer »dünner« und »kälter«. Dieses Szenario erscheint vielen Kosmologen als wahrscheinlich. Sie gehen davon aus, dass das Universum infolge dieses Prozesses in etwa 100 Milliarden Jahren den so genannten »Wärmetod« sterben wird.

Drittens kann es sein, dass sich die Expansion des Universums verlangsamt. Das würde aber lediglich eine Aufschiebung des Wärmetodes um ein paar zig oder hundert Milliarden Jahre bedeuten.

Betrachten wir die Prozesse, die unser Sonnensystem aufrechterhalten, dann wird klar, dass es schon lange vor einem solchen Kollaps des Universums mit uns vorbei sein wird. Denn im Zentrum der Sonne laufen permanent Wasserstoff-Kernfusionen ab,

An der von der Erde aus gesehen linken Schulter im Sternbild Orion liegt, etwa 500 Lichtjahre von der Erde entfernt, der Stern Beteigeuze – ein sonnenähnlicher Roter Riese am Ende seines Lebens. Sein Durchmesser verändert sich beim Pulsieren stark und erreicht den 800-fachen des Durchmessers unserer Sonne, deren Leuchtkraft er um etwa das Zehntausendfache überbietet. Stünde Beteigeuze an der Stelle unserer Sonne, würde sie Merkur, Venus und Erde verschlucken und sogar weit über die Marsbahn hinausreichen. Der himmlische Gigant zählt zu den 20 hellsten Sternen, das Gas in seiner Atmosphäre misst etwa 3000 Grad. Er ist der uns am nächsten liegende Sternen-Kandidat, von dem angenommen wird, dass er in ein paar zigtausend Jahren im Zuge einer letzten gigantischen Supernova-Sternenexplosion verschwinden wird.

wodurch Helium entsteht. Dieser Wasserstoffvorrat wird sich aber in schätzungsweise 7,5 Milliarden Jahren dem Ende zuneigen. Die Sonne wird sich dann in ihrem eigenen Todeskampf zu einem gefräßigen »Roten Riesen« aufblähen. Mit dem Versiegen der Wasserstoffquellen im Inneren der Sonne werden Kernfusionen nur noch auf der Schale des Sonnenkerns stattfinden. Die Sonne wird auf ein Vielfaches ihrer jetzigen Größe anwachsen und alles in ihrem Umfeld verbrennen.

Das genauere Schicksal der Erde hängt davon ab, wie schnell sich dieser Blähvorgang vollzieht, wie lange er anhält und wie weit seine Ausdehnung reichen wird. Je nachdem, stürzt die Erde möglicherweise auf einer Spiralbahn in die Sonne hinein und verdampft nach Merkur und Venus wie ein Regentropfen, der ins Feuer fällt. Bei einer schwächeren und kürzeren Sonnenausweitung kann sie aber eventuell auch weitgehend auf ihrer Laufbahn verbleiben. Die Erde würde dann allerdings bei etwa 1000 Grad Umgebungstemperatur totgebacken. Kein Erdbewohner könnte mehr beobachten, was dem Roten Riesen folgt: Die aufgeblähte Sonne wird wieder schrumpfen und sich zu einem kleinen heißen »Weißen Zwerg« verwandeln, der ohne Kernbrennstoff über ein paar Jahrmilliarden ausglüht.

Dieses Gebratenwerden ist allerdings keine realistische Prognose für das Ende des irdischen Lebens, damit rechnen Geologen schon früher – in schätzungsweise 500 Millionen Jahren soll es so weit sein. Der Grund: auch der Brennstoff für die Kernverschmelzungen im Erdinneren, durch die das komplette »System Erde« am Leben erhalten wird, wird langsam aber sicher versiegen. Die Erde wird sich deshalb in einer halben Milliarde Jahren wahrscheinlich schon so weit abgekühlt haben, dass alle lebenserhaltenden Prozesse zum Erliegen kommen. Es wird bitterkalt, die Platten der Erdkruste kommen zur Ruhe und damit verschwinden auch Vulkane und Erdbeben. Alles Leben auf Terra wird zugrunde gehen. Die Erde wird schließlich dem Mond, Mars und Venus sehr ähnlich sehen. Unser Heimatplanet wird in einen Tiefschlaf verfallen, bis dann noch einmal der »Rote Riese« anklopft und ihm endgültig den Garaus macht.

Abgesehen von anderen, durchaus realistischen Apokalypse-Szenarien wie dem Aufprall eines Asteroiden und einem dritten großen Massensterben, bleibt uns auf sehr lange Sicht also eigentlich nur die Chance, auf andere Planeten in anderen Sonnensystemen überzusiedeln.

Meilensteine der Technik

Rad

Rollerblades, Schraubenzieher, Armbanduhren oder Autoreifen: Ohne das Rad wäre heute fast jede technische Erfindung unbrauchbar. Das Rad ist eine der größten Erfindungen aller Zeiten. Es brachte ein hohes Maß an Mobilität, nahezu unendliche Transportkapazitäten und eröffnete vor Jahrtausenden erste Möglichkeiten, die Kräfte der Natur, insbesondere des Wassers, gezielt für die Kultivierung unseres Planeten zu nutzen.

Wo und wann genau das Rad erfunden wurde, ist unklar. Vermutlich sind seine vorteilhaften Eigenschaften in mehreren Kulturkreisen rund um das Mittelmeer vor etwa 6000 Jahren ungefähr zeitgleich entdeckt worden. Erste primitive Räder sind bei Ausgrabungen in Babylonien, Ägypten und Assyrien zum Vorschein gekommen. Doch zuvor war sicher auch schon unseren noch früheren Vorfahren aufgefallen, dass sich runde Gesteinsbrocken leichter aus dem Weg räumen ließen als kantige und dass hintereinander gelegte Baumstämme als Transportrollen für größere Gewichte dienlich waren.

Für damalige Verhältnisse moderne Türkonstruktionen und Töpferscheiben werden heute als unmittelbare Vorgänger des eigentlichen Rads betrachtet. Etwa 4500 v. Chr. wurden in den Regionen um das Ägäische Meer und in Teilen Mitteleuropas erstmals Türen mit Zapfenlagern verwendet: Kreisrunde vertikale Balken, an denen hölzerne Türen befestigt waren, steckten oben und unten in ausgeschnitzten Holzlagern, wodurch sich die Tür wie mit einem Scharnier öffnen und schließen ließ. Auf ähnlichen Zapfenlagern drehten sich Töpferscheiben, die bei den alten Ägyptern, Griechen und Sumerern regen Einsatz fanden.

Die bedeutende Neuerung des eigentlichen Rads bestand darin, dass durch die Mitte der Holz- oder Tonscheiben ein Loch gebohrt und eine Achse hineingesteckt und verkeilt wurde. Erste simple Karren, die auf dieser Technik basierten, dienten überwiegend der Kriegsführung. Die ältesten überlieferten Darstellungen von Rädern zeigen sie an Streitwagen der alten Griechen. Gegenüber langsamen Fußtruppen bot dies einen ungemeinen Vorteil.

Schon in den frühen Hochkulturen wurde der Radaufbau ständig verbessert. Zunächst wurden einfache Holzscheiben von

Rad auf ägyptischer Vase.

dicken Baumstämmen abgesägt. Für größere Räder nagelten und gurteten die Zimmerleute mehrere Bretter zusammen. Um größere Lasten transportieren zu können, wurde bald die hölzerne Mehrfachbereifung eingeführt – zwei oder drei Holzscheiben wurden hintereinander montiert. Dem Schutz der Laufflächen vor Abrieb und Bruch dienten in Babylonien und Assyrien alsbald Leder- und Kupferbänder.

Ab 2000 v. Chr. tauchten in Mesopotamien und Ägypten die ersten noch wendigeren und leichteren Speichenräder auf. Die einsetzende Bronzezeit ließ metallische Speichenräder bald die Oberhand gewinnen. Auch Pferde waren nun in der Lage, alle möglichen Frachten schnell und über weite Strecken zu transportieren. Entsprechend wurde die Pferdezucht immer wichtiger. Für die Streitwagen der Feldherren wurden schnelle leichtfüßige Hengste herangezogen, für die Landwirtschaft bevorzugte man dagegen kräftige Geschöpfe wie unseren Haflinger.

Entdeckt wurde auch, dass sich mithilfe von Radkonstruktionen Kräfte umlenken ließen. So sind etwa 1200 v. Chr. in Mesopotamien erste Wasserschöpfräder betrieben worden, sie dienten vor allem der Bewässerung in der Landwirtschaft. Die Räder wurden von der Flussströmung angetrieben und leiteten Wasser in mehrere Meter oberhalb des Flusslaufs gelegene Kanalsysteme.

Den Kelten gelang es dann vor etwa 2000 Jahren, die zuvor starr verbundenen Achse und Rad voneinander zu trennen, indem sie die Achsen in Hartholzlagern gleiten ließen. Dabei wurden Zapfen erforderlich, die verhinderten, dass das Rad von der Achse rutschte. Somit war die Voraussetzung geschaffen, um Kurven zu fahren, denn bekanntlich dreht sich hierbei das äußere Rad schneller als das innere. Es folgten halbmondförmige Löcher, die in die Holzscheiben gezimmert wurden. Damit

Im nördlichen Teil Europas setzte sich das Rad erst verspätet mit dem Ausbau des Straßennetzes im Römischen Reich durch. Aufgrund der feuchten Bodenverhältnisse blieben Räder zuvor meist im schlammigen Morast stecken.

wurde das Eigengewicht reduziert, zudem konnte durch das Hindurchstecken von Lanzen eine Notbremsung vollzogen werden.

Buchdruck

Die Entwicklung der Buchdruckkunst war der vielleicht wichtigste Wegbereiter der Neuzeit. Der in Mainz im Hof zum Gutenberg geborene und zum Graveur und Goldschmied ausgebildete Johannes Gensfleisch gilt als ihr Erfinder – bekannt ist er uns als Johannes Gutenberg.

Auf Grundlage seiner »schwarzen Kunst«, wie der Buchdruck seither genannt wird, kam es in der zweiten Hälfte des 15. Jahrhunderts zur ersten weltweiten Verbreitung von Schrifttum. Binnen weniger Jahrzehnte entstanden Zehntausende von Büchern und Broschüren mit religiösem, philosophischem und vor allem auch naturwissenschaftlichem Inhalt. Der Austausch der Forscher und Gelehrten der Zeit wurde damit wesentlich erleichtert, und das Bildungsniveau der gesamten Bevölkerung begann zu wachsen.

Das revolutionär Neue an Gutenbergs Erfindung war die Arbeit mit beweglichen metallischen Lettern, eingebettet in ein umfassendes und effizientes Druckverfahren. Vor Gutenberg mussten fast sämtliche Schriften noch von Hand verfasst werden. Das war teuer und arbeitsaufwändig, zumal in Europa nur wenige Mönche, Gelehrte und Kaufleute die Kunst des Schreibens beherrschten. Die meisten Bücher des Mittelalters wurden deshalb in Klosterschreibstuben geschrieben – die Abschrift einer einzigen Bibel konnte mehrere Jahre dauern.

Anfang des 15. Jahrhunderts gab es erste Vorboten des anstehenden Gutenberg'schen Durchbruchs. Für die einfachere Reproduktion von Texten wurden diese sorgfältig seitenweise in Holzblöcke geschnitzt, jene anschließend gefärbt und auf ein Papier ge-

Die in lateinischer Sprache verfasste »Gutenberg-Bibel« ist das älteste gedruckte Buch der Welt. 49 Exemplare der Auflage, die Mitte der 1450er Jahre mit einer Größenordnung von schätzungsweise 200 Büchern hergestellt wurde, sind ganz oder teilweise erhalten. Jede Buchseite umfasst 42 Zeilen, weshalb von der »42-zeiligen Bibel« die Rede ist. An diesem Druckwerk arbeitete Gutenberg mit etwa 20 Mitarbeitern rund drei Jahre lang.

presst. Doch auch dieses Verfahren war umständlich. In den meisten Fällen blieb es einfacher, den Innenteil von Büchern per Hand abschreiben zu lassen. Meist wurden lediglich für künstlerisch aufwändig vorbereitete Buchcover derlei Holzblockschnitzereien genutzt.

Auch Gutenberg arbeitete zunächst mit Holz. Allerdings schnitzte er keine ganzen Seiten mehr. Er fertigte einzelne Buchstaben, Zahlen und Satzzeichen an, die er dann in die gewünschte Reihenfolge brachte, sie an einer Schiene befestigte, einschwärzte und über eine umgebaute Weinpresse auf Papier druckte. Während seines Aufenthalts in Straßburg zwischen 1420 und 1450 ging er jedoch dazu über, Lettern aus Metall auszuprobieren. Nach der Rückkehr in seine Heimatstadt Mainz entwickelte er dies binnen Monaten zur Anwendungsreife. Finanziell und handwerklich unterstützt wurde er dabei von Johannes Fust und dessen Schwiegersohn Peter Schöffer – beides Drucker und Metallgießer.

Die Buchstabenformen aus Messing, mit denen Gutenberg zu experimentieren begann, erwiesen sich jedoch als zu weich, um der anhaltenden Kraft der Druckpresse lange standhalten zu können. Wesentlich besser eignete sich eine einfach herzustellende Mischung aus Blei und Zinn. Gutenberg entwickelte eine neue Methode, um seine Metalllettern gießen zu können. Ursprünglich hatte er hierfür eine sandige Masse verwendet. Doch daraus resultierten unsaubere und körnige Ränder seiner Drucktypen.

Gutenberg ersetzte den Sand durch einen Stab aus weichem Eisen, in dessen Ende er fein säuberlich den Buchstaben feilte. Dann wurde der Stab poliert, erhitzt und in einen noch weicheren Metallblock gepresst. Dadurch entstanden exakte negative Gussformen, in die dann die Blei-Zinn-Legierung gegossen wurde.

Ergänzend erfand Gutenberg eine Reihe weiterer technischer Hilfsmittel und Konstruktionen, um mit den beweglichen Lettern bequem arbeiten zu können. So ließ er Schienen anfertigen (genannt Winkelhaken), an denen die Buchstaben zu Wörtern und Zeilen zusammengesetzt und befestigt werden konnten. Gut zu verarbeitende Druckfarben aus einer Mischung aus Leinsamenöl und Ruß waren ebenfalls seinem Erfindungsreichtum zu verdanken.

Die Bereitstellung eines kompletten Drucksystems, mit dem die Verbreitung von Schrifttum revolutioniert wurde, machte Gutenberg zum wahren Erfinder des Buchdrucks, wenngleich andernorts bereits vor seiner Zeit mit beweglichen Lettern gearbeitet wurde. In China war dies vermutlich schon ab dem 11. Jahrhundert der Fall. Und in Europa soll vor Gutenberg schon der Holländer Laurens Janszoon Coster entsprechend experimentiert haben.

Seit Gutenbergs Erfindung wurde die »schwarze Kunst« beständig weiterentwickelt. Leonardo da Vinci formulierte im 16. Jahrhundert erstmals die Idee von Druckwalzen, die einen fortlaufenden Druckvorgang ermöglichen sollten. Im 18. Jahrhundert wurde die klassische Handpresse von mechanischen Rotationspressen ersetzt. Sämtliche althergebrachten Schreib-, Satz- und Drucksysteme sind in der zweiten Hälfte des 20. Jahrhunderts von der Computertechnik verdrängt worden.

Zeitmessung

Die grundlegende Entwicklung der Zeitmessung lässt sich in zwei Epochen unterteilen. Die erste Epoche basierte auf der Beobachtung von Sonne und Mond und lieferte Zeiteinteilungen in Tage, Monate und Jahre. So gab es schon im Altertum vor rund 3000 Jahren Kalender mit 365 Tagen. Aus der Zeit des Römischen Reiches stammt unsere Jahreseinteilung in zwölf Monate und die Einführung eines Schaltjahres im Vierjahreszyklus – dem so genannten »julianischen Kalender«. Allerdings lag diese von Gaius Julius Cäsar durchgeführte Reform etwa eine Stunde pro Jahr daneben (der Umlauf der Erde um die Sonne dauert 365 Tage, 5 Stunden und 49 Minuten). Deshalb wurde später auf Geheiß von Papst Gregor XIII. ab 1582 der bis heute gültige »gregorianische Kalender« mit einer genaueren Schaltjahrregelung eingeführt.

Losgelöst von astronomischen Beobachtungen wurde die Einteilung der Zeit in kleinere Einheiten, also Stunden, Minuten und Sekunden, in der zweiten Epoche der Zeitmessung vorgenommen und man entwickelte spezielle Instrumente hierfür. Auch dies begann im Altertum: Unsere Vorfahren beobachteten, dass in gleichen Zeitabständen immer gleiche Mengen an Öl oder Wachs verbrannten oder dass bestimmte Mengen Wasser oder Sand immer zeitgleich durch bestimmte Öffnungen sickerten. Sie entwickelten Kerzen-, Wasser-, und Sanduhren, und in Anlehnung an die Astronomie gab es auch Sonnenuhren, bei denen aus dem Schatten eines Stabs oder Felsblocks die Zeit abgelesen werden konnte. Später neigte man einen Stab parallel zur Erdachse und projizierte ihn auf ein Zifferblatt.

Seit dem Anwachsen der Städte und der Ausdehnung von Handel, Produktion, Transport und Schifffahrt ab dem 12. Jahrhundert wurde die Zeit der Menschen immer kostbarer. Mechanische Räderuhren wurden entwickelt: Gewichte zogen ein zuvor aufgewickeltes Seil von einer drehbaren Achse, an der ein Uhrzeiger befestigt war. Eine Hemmrichtung sorgte für einen relativ gleichmäßigen Ablauf. Metallfedern ersetzten nach und nach die Antriebsgewichte.

Inspiriert von den Arbeiten zur Pendelbewegung von Galileo Galilei wurde 1657 eine neue Ära der Zeitmessung eingeleitet: Der holländische Physiker Christiaan Huygens ließ eine erste Pendeluhr bauen. Ausgefeilte Zahnrad- und Regelwerke übersetzten die Pendelschläge fortan in die Drehung von Stunden-, Minuten- und Sekundenzeigern, Uhrtürmchen wurden zum Wahrzeichen der expandierenden Städte.

Im 19. Jahrhundert wurde mit der Erfindung der Elektrizität eine weitere Hürde genommen. Als Energielieferant für den Pendelschlag und das Aufziehen einer Feder konnte nun Strom genutzt werden. Damit bot sich auch die Möglichkeit, mehrere Uhren zu

Seit 1978 gibt die Physikalisch-Technische Bundesanstalt (PTB) in Braunschweig mithilfe von Cäsiumatomuhren die exakte Uhrzeit für Deutschland an. Über einen Langwellensender in Mainflingen bei Frankfurt am Main und per Internet wird sie ausgestrahlt. Sie steuert Funkwecker, Börsen- und Bahnhofsuhren sowie komplizierte Prozessabläufe. Die Weltatomzeit wird im Internationalen Büro für Gewichte und Maße in Sèvres bei Paris koordiniert.

Kunstvolle Sonnenuhr an einem mittelalterlichen Kirchenfenster in Rottweil.

synchronisieren. Durch die Industrialisierung waren exakte Zeitmessungen zu einer Notwendigkeit geworden. Erste Armbanduhren wurden erfunden, sie setzten sich Anfang des 20. Jahrhunderts durch.

Bis heute basieren Uhren auf einem schwingungsfähigen Taktgeber, den man Gangregler nennt. Außer einem Pendel kann man hierfür die »Unruh« (bei Taschen- und Armbanduhren), eine Stimmgabel, ein Quarzkristall und seit einigen Jahren auch Atome verwenden. Durch feine Getriebe und Zahnrädchen wird Energie per Gewicht, Spannfeder oder Batterie dem Uhrwerk dosiert zugeführt und in eine analog ablesbare Zeigerbewegung oder elektronische Digitalanzeige übersetzt.

Die »Unruh« in der klassischen Armbanduhr besteht aus einem kleinen Schwungrad, an dem eine spiralförmige Feder befestigt ist. Sie schwingt in der Regel fünf Mal pro Sekunde, also mit einer Frequenz von fünf Hertz. Je höher die Frequenz, desto genauer ist die Zeitmessung auf lange Sicht. Stimmgabeln als Taktgeber kommen auf 360 Hertz, moderne Quarzuhren mit Kristallplättchen haben eine Frequenz von 32 768 Hertz. Die Quarzplättchen haben eine hohe konstante elektromagnetische Eigenschwingung, die sich in exakte Zeitangaben übersetzen lässt. Erfunden wurde die Quarzuhr 1929 von dem kanadischen Ingenieur Warren Alvin Morrison, der bei der Firma Bell in den USA beschäftigt war. Sein erstes Modell lief mindestens 50-mal genauer als herkömmliche mechanische Uhren. Anfang der 1970er Jahre eroberten Quarzuhren den Weltmarkt.

Doch in der Zwischenzeit, seit den 1950er Jahren, gelten Atomuhren als das Nonplusultra der Zeitmessung. Atomuhren nehmen nicht mehr die Erdrotation als Maß aller Dinge, weil festgestellt wurde, dass sich die Erde mit Zeitschwankungen um ihre eigene Achse dreht und sich diese Bewegung aufgrund der »Gezeitenreibung« pro Jahrhundert um 0,00164 Sekunden verlangsamt – darunter versteht man die bremsende Wirkung der Gezeiten auf die Erdrotation. Atomuhren nehmen stattdessen die Lichtvibrationen, die von Cäsiumatomen ausgehen, als Taktgeber. Komplizierte Apparate sind ebenso Voraussetzung hierfür wie das Wissen, dass das verwendete Cäsium in zwei Energiezuständen vorliegen kann. Bei einem elektronisch erzeugten Wechsel vom einen zum anderen wird eine konstante elektromagnetische Strahlung mit zehn Milliarden Schwingungen pro Sekunde (Hertz) abgegeben. Diese Frequenz wird gemessen und in Zeit umgerechnet. Ungenauigkeit im Sekundenbereich werden in etwa einer Million Jahre erwartet.

Dampfmaschine

Bis ins 18. Jahrhundert wurde mechanische Arbeit noch überwiegend durch Muskelkraft von Menschen und Nutztieren vollbracht. Es gab zwar schon seit dem Mittelalter die Wind- und Wasserkraftnutzung (in Form von Mühlen), doch deren Einsatzmöglichkeiten waren begrenzt.

Mit der Dampfmaschine wurde alles anders. Sie leitete als erste künstliche Kraftquelle des Menschen die industrielle Revolution in Europa ein. Mit ihr schienen auf einmal der Herstellung neuer Gebrauchsgegenstände, der Kultivierung von Städten und ganzen Landschaften kaum noch Grenzen gesetzt. Ihre Funktionsweise war einfach: Zu Grunde lagen die Kräfte von heißem sich ausdehnenden Wasserdampf. Die Dampfmaschine wandelte also chemische Energie in mechanische Energie (Kolbenhub oder Drehbewegung) um.

Ein erstes Exemplar wurde 1712 von dem Briten Thomas Newcomen in Betrieb genommen – eine beeindruckende Apparatur, bei der Wasser mitsamt einem Zylinder (in dem es sich befand) und einem anmontiertem Kolben für jeden Krafthub aufs Neue abgekühlt und erhitzt werden musste. Der Glasgower Mechaniker

Dampfmaschinen-Einsatz im späten 18. Jahrhundert.

James Watt entwickelte diese Konstruktion entscheidend weiter und gilt deshalb als Wegbereiter der industriellen Revolution. 1765 kam ihm die zündende Idee: Er ließ die Rückführung des Wasserdampfs in den flüssigen Zustand während der Abkühlung (genannt Kondensierung) in einem separaten Behälter geschehen. Dadurch mussten Zylinder und Kolben nicht mehr abgekühlt werden und der Wirkungsgrad der Maschine stieg um ein Vielfaches.

Der erste Prototyp von Watts Dampfmaschine lief 1768, wenig später wurde die Technik patentiert und in den Folgejahren beständig verbessert. Watt erfand 1781 den Rotationsantrieb, wodurch nun auch Pumpen zur Grubenentwässerung im Bergbau angetrieben werden konnten. Mit dem Fliehkraftregler präsentierte er 1788 (das Jahr, in dem erstmals ein Schiff mit Dampfkraft angetrie-

James Watt erfand die Dampfmaschine und führte den Begriff »Pferdestärke« (PS) ein, um ihre Leistungen beschreiben zu können.

ben wurde) eine weitere technische Bereicherung, mit der die Geschwindigkeit der Kraftübertragung reguliert werden konnte.

Eine rasche Verbreitung fanden Watts Maschinen in der britischen Textilindustrie als Webstühle. Ihren globalen Siegeszug feierten sie im 19. Jahrhundert im Zuge der Industrialisierung. Zunächst basierten sie fast ausschließlich auf der Verbrennung von Steinkohle, die in Europa leicht abzubauen war. Sie revolutionierten fast jeden Bereich der Produktion und ermöglichten Ende des 19. Jahrhunderts schließlich die rasant steigende Nutzung der fossilen Brennstoffe Erdöl und Erdgas.

Als der berühmte Colonel Drake 1859 in der US-Ortschaft Titusville ein 22 Meter tiefes Loch in den Boden trieb, nutzte er dazu eine Dampfmaschine. Er stieß auf Öl, förderte fortan täglich etwa 4500 Liter des schwarzen Goldes und entfachte das Ölfieber. Binnen Monaten war Pennsylvania mit Dampfmaschinen übersät – mehr als 2000 Bohrlöcher wurden in Betrieb genommen.

Durch die Dampfmaschine kamen die händische Kohlengräberei und die primitive Eisenverarbeitung zu ihrem Ende. Im Aachener und im Ruhr-Revier wurde bereits im 13. Jahrhundert Steinkohle gefördert, an der Saar und bei Ibbenbüren schon etwa drei Jahrhunderte früher.

Anfang des 15. Jahrhunderts wurden die ersten Hochöfen zur Eisenschmelze in Betrieb genommen, doch mit der Dampfmaschine sollte sich dieser Produktionszweig vollkommen ändern. Sie ermöglichte den Schacht-Tiefbau und die Kohlegewinnung in mehreren hundert Metern Tiefe. Über Jahrhunderte war es zuvor nur möglich gewesen, leicht ansteigende Horizontalstollen in Berge zu treiben.

Die Einsatzmöglichkeiten der neuen Kraftmaschinen waren enorm. Schon 1783 wurde in England das erste Dampfmaschinen-Walzwerk eingeweiht. Ab der zweiten Hälfte des 19. Jahrhunderts konnten fast alle Hochöfen auf Koks umgestellt werden. Die industrielle Eisen- und Stahlproduktion mit den Essener Pionieren Friedrich Krupp und dessen Sohn Alfred boomte, Abertausende von

Arbeitern siedelten um. Es entstanden die typischen industriellen Ballungsräume wie der Ruhrpott.

Basierend auf der Erfindung von Watt legte dessen Landsmann Richard Trevithick im Jahre 1801 den ersten Entwurf für einen dampfbetriebenen Wagen für den Straßenverkehr vor. Daraus wurde binnen drei Jahren die erste Dampflokomotive. Seitdem gab es die Unterscheidung in Niedrig- und Hochdruckdampfmaschinen. Zur ersten Klasse zählten die Maschinen von Watt, zur zweiten die von Trevithick, weil ihr Dampfdruck bedeutend höher war.

Von da an dauerte es nicht lange bis zur Erfindung der Verbrennungsmotoren, also der gezielten Zündung von fossilem Treibstoff in Maschinenkolben. Nikolaus August Otto konstruierte 1876 den ersten Gasmotor, daraus ging 1893 der erste Benzinmotor hervor. Bereits 1883 ließ Wilhelm Gottlieb Daimler den Einzylindermotor patentieren, zeitgleich mit Carl Benz konstruierte er 1886 das erste funktionsfähige benzinbetriebene Fahrzeug der Welt. Die Dampfmaschine als Antriebsquelle für Straßenfahrzeuge wurde damit Geschichte.

Elektrizität

Elektrizität ist die beliebteste Energieform, weil sie sich ohne großen Aufwand in Wärme-, Licht- oder Bewegungsenergie überführen lässt. Mit dem Strom aus der Steckdose kann man so gut wie alles betreiben, ob Kühlschrank, Gartenlaterne oder Bohrmaschine, elektrische Energie lässt sich in Batterien speichern und über Stromleitungen leicht transportieren.

Strom ist also eine äußerst praktische Angelegenheit. Ihn zu begreifen setzt allerdings Grundwissen über den Aufbau der kleinsten Bestandteile von Materie – also von Atomen und Molekülen – voraus: In jedem Atom gibt es neben dem festen Kern aus positiv

Elektrische Spannung wird in Volt (V) gemessen, die Stromstärke in Ampère (A). Sie ist abhängig vom Leitungswiderstand, der in Ohm (Ω) angegeben wird. Metalle leiten besonders gut – ihre Elektronen können mit Leichtigkeit von einem zum anderen Atom springen. Ein schlechter Leiter ist Porzellan. Steigt der Widerstand in einem Leiter, steigt auch seine Temperatur. Diesen Effekt macht man sich bei Herdplatten zunutze. Beim Stromtransport durch Leitungen versucht man diesen Wärmeeffekt zu minimieren.

geladenen Protonen ebenso viele Elektronen mit negativer Ladung, die auf der Elektronenhülle sitzen. Weil beide Ladungen sich im Normalzustand aufheben, ist ein Atom nach außen hin neutral, also ungeladen.

Bei der Erzeugung von Elektrizität wird dieses Gleichgewicht aufgehoben. Es entstehen positiv und negativ geladene Pole, und die negativen Teilchen versuchen, das Ladungsgefälle auszugleichen. Sie wandern in Richtung Pluspol, wo es zu wenige Elektronen gibt – so wie Wasser aus einer höheren in eine niedrigere Ebene fließt. Diese Bewegung nennt man Stromfluss. Elektrizität gibt es dann, wenn zwischen zwei Polen ein Ladungsunterschied existiert, man nennt diesen Unterschied elektrische Spannung.

Schon früh wurden elektrische Erscheinungen beschrieben, ohne ihre Gesetzmäßigkeiten zu begreifen. Die alten Griechen etwa experimentierten mit Bernstein: Wenn man solche Steine aneinander reibt, funkt es und es entstehen »magische« Anziehungskräfte. Auch Blitze faszinierten schon die frühen Hochkulturen – sie wurden meist für Gotteszeichen gehalten. Ähnliche Spekulationen gab es über die Flammenbüschel, die (als »Sankt-Elms-Feuer« bezeichnet) mitunter gespensterhaft minutenlang an den Spitzen der Schiffsmasten tanzten. Eine systematische Herangehensweise an derlei Phänomene schlug 1600 der englische Forscher William Gilbert vor: Alle Stoffe, die sich ähnlich verhielten wie Bernstein, nannte er »Electrica«. Der Begriff stammt vom griechischen »electron«, was Bernstein bedeutet.

Fundiertes Wissen über die Elektrizität blieb jedoch weiter spärlich. Umso abenteuerlicher waren Experimente mit »Elektrisiermaschinen«, die die Bernstein-Wirkung imitierten: Glas- und Metallkugeln wurden per Pedal oder Kurbel angetrieben, und mit einem Kissen wurde an ihnen gerieben. Per »elektrischem Kuss« ohne Lippenberührung konnten die so erzeugten Spannungen schmerzhaft entladen werden. Eine Frau war dabei mit der Elektrisiermaschine verbunden, die Lippen eines Mannes näherten sich ihr.

»Elektrischer Kuss« mittels Elektrisiermaschine.

Aufsehenerregend waren auch fulminante Blitzableiter oder die Erfindung des Königlich-Preußischen Feldmedikus Christian Friedrich Ludolff, der 1744 mit einem Elektrofunken Alkohol entfachte. Halsbrecherisch wurde es, als in diesen »Ludolff'schen Apparat« ein Mensch zwischengeschaltet wurde, aus dessen Fingerspitze fortan der »zündende« Funke kam.

Mit einer ähnlichen Apparatur, der »Leidener Flasche«, soll es dem Franzosen Jean Antoine Nollet gelungen sein, 700 Mönche, die sich an der Hand hielten, per Stromschlag in die Luft hüpfen zu lassen. Die Elektrisiermaschinen des 18. Jahrhunderts brachten es auf über 500 000 Volt und Funkenschläge von mehr als 60 Zentimetern.

Allmählich kam man den spektakulären Kräften wissenschaftlich auf die Spur. Luigi Galvani, Anatomieprofessor in Bologna, sezierte Frösche und merkte etwa 1780, dass ihre Muskeln zuckten, wenn er sie auf eine Metallplatte legte und zuvor eine Klammer in ihr Rückenmark bohrte. Offenbar waren auch hier die unsichtbaren Kräfte am Werk – man sprach von »tierischer Elektrizität«.

Aus den Froschversuchen wurden alsbald komplizierte »galvanische Apparate«, die wir heute Batterien nennen: Zwei verschiedene Metalle (Elektroden) befinden sich in einem leitenden Stoff (Elektrolyt) und sind außerhalb dessen leitend miteinander verbunden. So kommt es zum Stromfluss: Am Minuspol der Batterie herrscht ein Elektronenüberschuss, am Pluspol Elektronenmangel, und die Elektronen fließen vom Minuspol in Richtung Pluspol. Galvanis Frösche hatten demnach als eine Art »Strommessinstrument« fungiert. Wenig später brachten Physiker wie Alessandro Volta hierfür die ersten Elektrometer zum Ausschlag.

Von ihm wurde 1800 auch ein Meilenstein für die neue Technologie präsentiert. Mit seiner »Volta-Säule«, einer Art Batterie-Reihenschaltung, konnte er bereits ein paar Volt Spannung erzeugen. Daraus folgte 1806 die Entwicklung der Elektrolyse: die gezielte Zersetzung von Stoffen durch Elektrizität. Zuvor war beobachtet worden, dass an Platine-Elektroden, die im Wasser hingen, Bläschen aufstiegen, wenn man eine Spannung an sie legte: Auf der einen Seite sprudelte Sauerstoff und auf der anderen genau die doppelte Menge Wasserstoff, analog zur Struktur der Wassermoleküle H_20.

Diese Effekte konnten ab Anfang des 19. Jahrhunderts durch einen Schulterschluss von Chemie und Physik erklärt werden: Der englische Physiker Michael Faraday postulierte 1834 erstmals schlüssig ihren Zusammenhang. Er beschrieb in seinen »Faraday'schen Gesetzen«, dass das Maß der Zersetzung der Metallelektroden (diesen Prozess nennt man Oxidation), die in den Leitflüssigkeiten standen, genau proportional zu der durch den Strom gelieferten Elektrizitätsmenge war, und dass diese Energiemengen in direktem Zusammenhang mit den Atomgewichten der verwendeten Metalle stand. Somit war klar, dass Elektrizität unmittelbar mit der Atomtheorie verknüpft war.

Faraday erkannte auch, dass auch Elektrizität und Magnetismus zusammengehörten. 1831 gelang es ihm erstmals, durch die Bewegung eines Magneten einen Stromfluss zu erzeugen. Diesen Vorgang nennen wir »elektromagnetische Induktion«. Elektrizität konnte also auch künstlich geschaffen werden. James Clerk Maxwell blieb es überlassen, die neue Disziplin »Elektromagnetismus« theoretisch zu begründen. Mitte des 19. Jahrhunderts waren damit alle wesentlichen Voraussetzungen für die Produktion von Elektrogeneratoren und -motoren geschaffen. Neben der Dampfmaschine und den Verbrennungsmotoren wurde Strom zu einer treibenden Kraft der industriellen Revolution.

Mit der Erfindung des Dynamos durch Werner von Siemens im Jahre 1866 konnte Elektrizität in nahezu unbegrenztem Maße aus Dampf, Wind oder fließendem Wasser (also auch aus mechanischer Energie) gewonnen werden. 1879 konstruierte er die erste elektrische Lokomotive. Der US-Erfinder Thomas Alva Edison nahm 1882 das erste elektrische Minikraftwerk in Manhattan in Betrieb – es lieferte Strom in Wohn- und Geschäftshäuser und brachte etwa 400 Glühbirnen (die er drei Jahre zuvor selbst erfunden hatte) zum Brennen. Strom wird seither mit immer ausgefeilteren Generatoren gewonnen. Sie sitzen auf riesigen Turbinen, die durch Wind- und Wasserkraft oder heißen Dampf angetrieben werden. In Miniaturausführung finden wir sie im Fahrraddynamo.

Kunststoff

Kunststoffe bezeichnen wir landläufig als Plastik: Tüten, Regenjacken und Computertastaturen zählen hierzu ebenso wie Plexiglas oder Kunststoff-Membrandächer über den Fußballarenen etwa in Frankfurt, Hamburg, Stuttgart oder Wolfsburg. Es gibt etwa 200 verschiedene Kunststoffarten. Auskunft über ihre Vielfalt geben Aufdrucke auf zahlreichen Produkten: Dreiecke mit Kurzbezeichnungen wie PVC. Jedes Jahr werden weltweit etwa 150 Millionen Tonnen solcher Kunststoffe produziert. Eingesetzt werden sie zumeist als Verpackungs- und Baumaterialien, als Elektronik- und Einrichtungsgüter und in der Autoproduktion.

Der Name weist darauf hin, dass Kunststoffe »künstlich« hergestellt werden. Es gibt aber auch Naturstoffe wie Kautschuk oder Baumharz, die zur gleichen Materialklasse zählen. Die übergeordnete Fachbezeichnung lautet Polymere. Sie sind sich vom chemischen Aufbau her alle sehr ähnlich und entstammen zumeist den fossilen Rohstoffen Erdöl und Erdgas. Entscheidendes Kriterium ist allerdings nicht, dass Polymere wie unsere fossilen Brennstoffe allesamt organischen Ursprungs sind, sich also per se aus lebenden Organismen (Pflanzen oder Tieren) gebildet haben. Ausschlaggebend ist vielmehr, dass sie aus relativ einfach gebauten Kohlenstoffverbindungen bestehen, die auch dem Chemielabor entstammen können.

Der Unterschied zwischen künstlichen und natürlichen Polymeren ist, dass Kunststoffe durch gezielte chemische Umwandlun-

Kunststoff-Membrandach des Fußballstadions in Frankfurt am Main. Die Membranen bestehen aus Polyestergeweben, die mit Weich-PVC oder anderen Kunststoffen beschichtet sind, um ihre Reißfestigkeit und Widerstandsfestigkeit gegen Feuer und Witterung zu erhöhen.

gen während eines Schmelzvorgangs für technische Anforderungen maßgeschneidert werden. Sie sind leicht und gut formbar, auf Wunsch extrem flexibel oder hart und zugleich reißfest, und sie haben gute Wärmedämm- und Stromisolationseigenschaften.

»Poly« heißt im Griechischen »viele«, und »meros« bedeutet »Teil«. Daraus ergibt sich die simple Bedeutung des Fachbegriffs: Polymere sind »Vielteiler«. In Kunststofffabriken werden chemische Kettenreaktionen ausgelöst, durch die sich die einzelnen Molekülbausteine der Kohlenstoffverbindungen (Monomere) zu langen Geflechten (Makromolekülen) vereinen. Aus den Rohstoffen werden Kurzbezeichnungen abgeleitet: PVC, das Ausgangsmaterial für Fensterprofile, Bodenbeläge und die Beschichtungen von Stadiondächern, besteht aus etlichen aneinanderhängenden

»Thermoplaste« wie PVC werden beim Erwärmen weich und sie beginnen zu fließen (»thermos« heißt warm, »plasso« bedeutet bilden). In diesem plastischen Zustand sind sie formbar. Sie behalten nach der Abkühlung ihre Fließform bei und verfügen über eine gewisse Elastizität. »Elastomere« wie bestimmte Silikone werden beim Erwärmen nicht plastisch, übertreffen Thermoplaste aber bei weitem in ihrer Elastizität, Flexibilität und Reißfestigkeit. »Duroplaste«, die uns als WC-Sitze oder Türgriffe begegnen, werden Hartplastiken genannt (»durus« heißt hart). Formbar sind sie einzig in dem Moment, wenn ihre chemische Aufbaureaktion abläuft.

Vinylchlorid-Teilchen, PVC steht also für Poly-Vinylchlorid. Je nachdem wie die Schmelz- und Abkühlvorgänge bei der Kunststoffherstellung gesteuert und welche Mixtur und Zusatzstoffe beigemischt werden, entstehen kantige Hartplastiken, dünne Verpackungsfolien, bauschige Styroporplatten oder weiche Planschbecken.

Eineinhalb Jahrhunderte rasanter Fortschritte in der »organischen Chemie« (die sich mit den Kohlenstoffverbindungen befasst) lieferten die Voraussetzungen hierfür. Anfang des 19. Jahrhunderts wurden zunächst natürliche Polymere modifiziert – dazu zählte Asphalt, der im Zuge der Erfindung von Automobilen immer begehrter wurde. Zu den halbsynthetischen Ur-Kunststoffen zählen auch Schellack-Schallplatten, deren harziger Rohstoff von einem ostindischen Insekt stammte.

In dieselbe Kategorie gehört Gummi, durch das der US-Chemiker und Reifenmagnat Charles Goodyear steinreich wurde. Goodyear erfand 1839 den Prozess der »Vulkanisation«, indem er Latex von Kautschukbäumen nahm, ihn mit Schwefel mischte und unter Druck erhitzte. Auch Zelluloid ist zur Hälfte ein natürlicher Kunststoff mit dem Holzstoff Cellulose als Ausgangsbasis. Anstoß für seine Erfindung war ein Wettbewerb zur Entwicklung eines neuen Materials für Billardkugeln, um das Elfenbein ersetzen zu können. Dem Chemiker John Wesley Hyatt gelang dieser Coup, indem er nitrierte Cellulose und Kampfer unter Druck erhitzte. Aus seinem Zelluloid entwickelte George Eastman transparente Filmträger für seine ersten Kodak-Fotoapparate.

In der Natur vorkommende Polymere wurden in der Zeit der Industrialisierung immer knapper und ihre künstliche Herstellung ein Gebot der Stunde. Als erster vollsynthetischer Kunststoff wurde 1907 Phenoplast erfunden. Er eroberte sich unter dem Markennamen »Bakelit« in der boomenden Elektroindustrie der 1920er Jahre eine Spitzenposition auf dem Weltmarkt. Phenoplast hatte ausgezeichnete Isolierfähigkeiten und wurde für die Produktion von Schaltern, Lampen und Telefonen genutzt.

Wenig später gelang der Chemie der letzte Durchbruch, um neben den Hauptwerkstoffen Stein, Holz und Stahl eine riesengroße neue Materialklasse hinzuzufügen. Das Innenleben der Polymere wurde vollständig entschlüsselt. Die deutschen Chemiker Friedrich August Kekulé und Hermann Staudinger hatten hieran bedeutenden Anteil. Kekulé postulierte schon 1858 die Kettenform der Kohlenstoffverbindungen bei Polymeren, Staudinger erbrachte den wissenschaftlichen Nachweis hierfür und schlug 1922 vor, diese Verbindungen als »Makromoleküle« zu bezeichnen. In der Folge wurden in rascher Abfolge die Herstellungsprozesse für etliche synthetische Kunststoffe bereitgestellt. Die Massenproduktion von PVC begann 1938 in Amerika und Deutschland. Staudinger wurde 1953 mit dem Nobelpreis für Chemie ausgezeichnet.

Telekommunikation

Über Jahrhunderte war die Überbringung von Nachrichten ein aufwändiges Unterfangen – es brauchte Trommel-, Licht- und Rauchzeichen oder Boten, die sich zu Fuß, zu Pferd oder zu Schiff auf mitunter lange Wege machten. Modernere Techniken zur Nachrichtenübermittlung wurden ab Mitte des 19. Jahrhunderts entwickelt. Auslöser des damals entfachten Erfindergeistes war die Erfindung der Elektrizität und die damit verbundene Erkenntnis, dass sich Strom über Leitungsdrähte rasend schnell fortpflanzte. Neue Techniken wie der Telegraf und das Telefon basierten auf der Übertragung elektrischer Impulse. Die Information, die es zu übermitteln galt, wurde zu diesem Zweck in elektromagnetische Signale codiert.

Telegrafen waren die ersten Geräte dieser Art. Ihre Entwicklung war insbesondere dem französischen Physiker André Marie Ampère zu verdanken. Er erfand 1810 den Ampèremeter. Sein Gerät hatte eine Anzeigenadel, um Stromstärken messen zu können. Das brachte die britischen Erfinder und Forscher William Cooke und Charles Wheatstone darauf, im Juli 1837 das erste elektrische Telegrafensystem zwischen den Londoner Stadtteilen Euston und Camden Town in Betrieb zu nehmen. Es arbeitete mit fünf Drähten mit je einer Anzeigenadel, um die codierten Buchstaben und Zahlen zu übertragen.

Noch im selben Jahr erfand der amerikanische Kunstprofessor Samuel Morse ein viel einfacheres System, das mit nur einem Draht und einer Taste funktionierte. Mit den kurzen und langen Funkstößen des Morsealphabets wurden Nachrichten übermittelt. Der Telegrafist am anderen Ende der Leitung entschlüsselte die Punkte und Striche, die sein Empfangsgerät notierte. Später wurden

Das Morsealphabet besteht aus Punkten und Strichen. Man kann es funken, klopfen und mit einer Taschenlampe signalisieren.

A	•–	N	–•	Z	––••
Ä	•–•–	O	–––	SCH	––––
B	–•••	Ö	–––•	1	•––––
C	–•–•	P	––•	2	••–––
D	–••	Q	––•–	3	•••––
E	•	R	•–•	4	••••–
F	••–•	S	•••	5	•••••
G	––•	T	–	6	–••••
H	••••	U	••–	7	––•••
I	••	Ü	••––	8	–––••
J	•–––	V	•••–	9	––––•
K	–•–	W	•––	0	–––––
L	•–••	X	–••–		
M	––	Y	–•––		

die Signale in Pieptöne umgewandelt, per Kopfhörer abgehört und direkt zu Papier gebracht. Bis Mitte des 20. Jahrhunderts war das Morsealphabet Standard bei der internationalen Nachrichtenübermittlung.

Parallel dazu wurden die ersten Telefone entwickelt, mit denen sogar die menschliche Stimme über längere Leitungsstrecken transportiert werden konnte. Graham Bell bastelte 1876 einen solchen Fernsprecher, dessen Reichweite 75 Meter betrug. Mit der Patentierung seines »Geräts zur Übertragung von Lauten durch die Erzeugung elektrischer Wellen« legte er den Grundstein für den rasenden Erfolg seines Unternehmens. Lange waren Telefongespräche nur mithilfe von Telefonisten möglich. Sie stellten mit Steckverbindungen direkte Leitungsverbindungen her.

Bald nach der Erfindung von Bells ersten Telefonen wurde die schnurlose Informationsübertragung erfunden. Die wissenschaftlichen Grundlagen hierfür lieferte der deutsche Physiker Heinrich Hertz, der 1888 die Existenz elektromagnetischer Wellen nachwies. Hertz stellte fest, dass die bei hoher Stromfrequenz sich sehr schnell bewegenden Elektronen wellenförmige elektrische Impulse abgaben, die sich im Raum mit Lichtgeschwindigkeit ausbreiteten. Er hatte damit die Radiowellen entdeckt, mit deren Hilfe die Nachrichtenübermittlung revolutioniert wurde. Nach seinem Namen wird seither die Wellenfrequenz in Hertz angegeben.

Hertz verstarb im Alter von 36 Jahren, fortgeführt wurden seine Erkenntnisse von dem italienisch-irischen Elektroingenieur Guglielmo Marconi. Dieser stellte 1899 die erste schnurlose Telegrafieverbindung zwischen England und Frankreich her und funkte 1901 Morsesignale 3600 Kilometer weit über den Atlantik. Die Ingenieure seiner Zeit machten sich fortan zunutze, dass die Übertragung der elektromagnetischen Wellen in verschiedene Frequenzbereiche einteilbar war.

Neuere Sende- und Empfangsgeräte reagierten nur noch auf Signale in bestimmten Frequenzbereichen. Zusätzliche Codierungen und Filter ermöglichten es, dass ein Sender mit einem einzigen

Empfänger kommunizierte. So funktionieren bis heute Funkrufempfänger von Notärzten oder Mechanikern im Bereitschaftsdienst.

Außer Morsesignalen konnten nun auch Stimmen per Radiowellen drahtlos übertragen werden. Dafür wurden die akustischen Schwingungen der Stimme über ein Mikrofon in elektrische Signale verwandelt und mit einem weiteren Signal (der Trägerwelle) über einen Funkturm oder eine Antenne als Radiowellen ausgestrahlt.

Der österreichisch-ungarische Ingenieur serbischer Abstammung Nikola Tesla gilt als Erfinder dieser Rundfunktechnik. Er patentierte als Erster ein Radiogerät, das allerdings 1895 durch ein Feuer vernichtet wurde. Im Forschernacken saß ihm der russische Physiker Alexander Popow. Er erntete Ruhm und Ehre, als er 1896 die Wörter »Heinrich Hertz« an eine 250 Meter entfernte Empfangsstation sendete. Das Transistorradio wurde 1947 in den Bell Laboratories entwickelt. Die Innovation bestand darin, dass die elektromagnetische Schwingung nicht mehr in einer klobigen Röhre ausgerichtet und verstärkt wurde. Dies übernahm nun wesentlich kompakter und effizienter ein Strom leitender kristalliner Feststoff aus Germanium oder Silicium in Verbindung mit einem elektrischen Widerstand.

Von der Erfindung dieser »Transistoren« beflügelt wurde auch die Entwicklung von Fernsehapparaten. Hier war die ursprüngliche Idee, Lichtstrahlen, die von Objekten ausgehen, mit Kameras einzufangen, sie in elektromagnetische Radiowellen umzuwandeln und von einem Empfänger in Bewegungsbilder zurückzaubern zu lassen.

Den letzten Part sollte die »braunsche Röhre« übernehmen, 1897 entwickelt vom deutschen Physiker Karl Ferdinand Braun. Eine Herausforderung bestand darin, mindestens zehn Bilder pro Sekunde vom Sender zum Empfangsgerät zu übertragen, um einen Bewegungsablauf erkennen zu können. Die erste »Phototelegrafie« zwischen München und Nürnberg lieferte 1904 allerdings lediglich ein Bild pro Dreiviertelstunde. Der schottische Ingenieur John Logie Baird und der russisch-amerikanische Physiker Wladimir Kosma Zworkyn wurden zu Pionieren auf dem Gebiet der TV-Technik. Baird präsentierte 1926 seinen ersten »Televisier« – ein Gerät mit extrem schlechter Bildqualität. Zworkyn brachte die »braunsche Bildschirmröhre« zur Anwendungsreife. Sein »Ikonoskop« wurde 1928 auf der Berliner Funkausstellung vorgestellt, ein Jahr später strahlte der BBC die ersten Schwarz-Weiß-Sendungen aus.

Das erste Farbfernsehen gab es in den USA schon 1953. In Deutschland wurde das Zeitalter des Farbfernsehens auf Grundlage des PAL-Systems am 25. August 1967 auf der Berliner Funkausstellung vom damaligen Bundesaußenminister Willy Brandt eröffnet. An diesem Abend wurde der ›Der Goldene Schuss‹ mit Vico Torriani erstmals in voller Farbenpracht ausgestrahlt.

Bis heute bestehen viele Fernseh- und Computerbildschirme aus einer trichterförmigen »braunschen« Glasröhre. Auf ihrer Innenseite sind Phosphorstreifen befestigt, die in Blau, Gelb oder Rot aufleuchten, wenn sie von Elektronenstrahlen getroffen werden. Diese Strahlenpakete werden im europäischen PAL-System 25-mal pro Sekunde in Richtung Bildschirm geschossen und kurz davor über elektromagnetisch geladene Plättchen horizontal und vertikal in 625 Zeilen gelenkt (hochauflösende Apparate arbeiten mit weit mehr als 1000 Zeilen). Wann und wo genau sie das Fernsehbild mit etwa 13 Millionen Bildpunkten pro Sekunde erzeugen, wird aus den empfangenen Radiowellen errechnet.

Bei modernen Plasmabildschirmen werden die Bildpunkte nicht mehr per Elektronenstrahl erzeugt, sie bestehen stattdessen aus Millionen nebeneinander angeordneter Kammern, die mit einem Gasgemisch gefüllt sind. Durch die elektronische Zündung wird das Gas in einen Plasmazustand versetzt – es enthält dann freie Ladungsträger und gibt Energie in Form von UV-Strahlen ab. Die Kammern sind mit Phosphorchemikalien beschichtet und wandeln diese in für das menschliche Auge sichtbares Licht um.

Auch Mobiltelefone, die sich ab Mitte der 1970er Jahre wachsender Beliebtheit erfreuten, arbeiten auf Grundlage von Radiowellen, die man aufgrund ihrer hohen Frequenz auch Mikrowellen nennt. Die weltumspannende Kommunikation geschieht mittlerweile über Funksatelliten, die in etwa 40 000 Kilometern über der Erdoberfläche von Bodenstationen mit Radiowellen gespeist werden, bevor sie die codierten Telefonate, Faxe, Radioprogramme oder Fernsehbilder weiterschicken.

Die ersten Satelliten waren »passiv« – sie reflektierten lediglich die elektromagnetischen Botschaften und waren in ihrer Leistungsfähigkeit sehr schwach. 1962 wurde der erste »aktive«, die Strahlung verstärkende und kommerziell genutzte Fernsehsatellit »Telstar 1« in seine Erdumlaufbahn geschickt. Er ermöglichte die ersten Live-TV-Übertragungen zwischen den USA, Europa und Japan. Seither sind Hunderte Satelliten hinzugekommen. Sie steuern ebenfalls per Radiowellen moderne Navigationssysteme wie das GPS (Global Positioning System) und seine derzeit im Aufbau befindliche europäische Hightech-Variante »Galileo«.

Die Gesprächsvermittlung bei Telefonaten ist längst von Telefonistinnen an Computer übergegangen. Viele Telefonnetze arbeiten dabei statt über Kupfer- über hauchdünne Glasfaserkabeln, durch die digitalisierte Datenpakete (Bits) als Lichtsignale präziser, schneller und kompakter transportiert werden können. »Bit« ist die Abkürzung von »binary digit« (Binärziffer) und umschreibt den digitalen Datentransport mithilfe von Paketen aus den Binärzahlen

»Laser« ist die englische Abkürzung für »Lichtverstärkung durch angeregte Strahlungsemission«. Laser werden neben vielem anderen auch zur Informationsübertragung in Glasfasern genutzt. Die Übertragungskapazität liegt 60 000-mal so hoch wie bei einem Kupferkabel. Der erste Laserapparat wurde 1960 vom US-Physiker Theodore Maiman gebaut. Man nutzt Laserstrahlen auch zur Entfernungsmessung, zur Steuerung von Raketen und Tunnelbaugeräten und in der Chirurgie für präzise Gewebeschnitte.

0 und 1. Einige Glasfasern genügen, um gleichzeitig mehrere Tausend Telefon-, Fax- oder Computerverbindungen herzustellen. Hierbei kommt auch die Lasertechnologie zum Einsatz.

Kernenergie

Die Nutzung der Kernenergie gehört zu den am meisten beeindruckenden Erfindungen der Naturwissenschaften des 20. Jahrhunderts. Deutsche Atomphysiker haben maßgeblich hierzu beigetragen, und die hierzulande entwickelte Technologie zählt zur Weltspitze. Im Jahr der Regierungsübernahme von SPD und Grünen 1998 befanden sich unter den weltbesten sechs Atomkraftwerken vier deutsche Reaktoren. Die neue Koalition vereinbarte dennoch, bis 2021 das letzte AKW abzuschalten. Ob es dabei bleibt, wurde nach dem neuerlichen Regierungswechsel 2005 wieder in Frage gestellt.

Aktuell liefert die Kernenergie rund 30 Prozent des deutschen Stromes und 13 Prozent der Gesamtenergie. Ihre Vor- und Nachteile liegen auf der Hand. Umstritten ist auf der einen Seite die Endlagerung ausgebrannter radioaktiver Brennstäbe, die über Jahrtausende weiterstrahlen und nicht in direkten Kontakt mit Lebewesen kommen dürfen. Außerdem werden die Gefahren folgenschwerer Unfälle und die Umleitung radioaktiver Stoffe in Atombombenprojekte gesehen. Seit den Reaktorunfällen in Harrisburg 1979 und Tschernobyl 1986 dominiert die Furcht vor der unzureichenden Beherrschbarkeit der friedlichen Atomkraftnutzung. Durch die Bombenabwürfe auf die japanischen Städte Nagasaki und Hiroshima 1945 hat die Welt zudem gesehen, was Kernspaltung anrichten kann. Auf der anderen Seite wird darauf verwiesen, dass die Reichweite die Brennstoffe, die bei der Kernspaltung eingesetzt werden können, bei intelligenter Nutzung viele hundert Jahre beträgt. Überdies sind in der gesamten Zeit der friedlichen Atomenergienutzung durch Unfälle weltweit bislang weniger Menschen gestorben als innerhalb von ein paar Wochen allein im deutschen Straßenverkehr.

Das Atomzeitalter wurde im 19. Jahrhundert eingeleitet. Die Radioaktivität und der Aufbau der Atome wurden entschlüsselt. Fortan ging es darum, die Kräfte, die in den kleinsten Materieteilchen verborgen sind, nutzbar zu machen. 1938 glückte den deutschen Forschern Otto Hahn und Fritz Straßmann die erste Kernspaltung. Im Folgejahr wiesen US-Wissenschaftler nach, dass hierbei Neutronen freigesetzt wurden, die eine Kettenreaktion auslösen konnten. Enrico Fermi ließ 1942 im »Chicago-Meiler« die erste kontrollierte Kettenreaktion ablaufen. Sein Team kam damit dem »Uranverein« im nationalsozialistischen Deutschland zuvor, aber ihre Entdeckung hatte schreckliche Auswirkung auf die US-Kriegsführung.

Nach dem Zweiten Weltkrieg begann die zivile Nutzung der Kernkraft. Im Dezember 1951 wurde im US-Staat Idaho im Versuchsreaktor »EBR 1« zum ersten Mal Strom aus Kernenergie erzeugt. Im Oktober 1957 wurde der erste deutsche Reaktor für die Forschung an der Technischen Universität München, das berühmte Atomei, hochgefahren. Im Juni 1961 speiste das erste kommerziell betriebene AKW in Kahl am Main Strom in das deutsche Verbundnetz ein. Moderne Reaktortypen sind mit diesen frühen Modellen oder den Unglücksmeilern von Harrisburg und Tschernobyl nicht vergleichbar. Sie sind weit sicherer und setzen zunehmend auf Technologien, die eine Kernschmelze naturgesetzlich unmöglich machen.

»Es ist schwieriger, ein Vorurteil als ein Atom zu zerstören.«
Albert Einstein

Ein Kernreaktor beruht auf der Ausnutzung der gewaltigen Kräfte, die in den kleinsten Teilchen chemischer Elemente schlummern – den Atomen. Sie bestehen aus einer elektrisch negativ geladenen Hülle, auf der Elektronen herumschwirren, und einem Atomkern mit positiven Protonen und ladungsneutralen Neutronen. Die Anzahl von Elektronen, Protonen und Neutronen ist bei den verschiedenen Elementen sehr unterschiedlich. Das einfachste Element, Wasserstoff (H), verfügt im Kern über ein einziges Proton. Uran hingegen hat im Periodensystem die Ordnungszahl 92. Sein Kern verfügt über 92 Protonen und zusätzlich 143 Neutronen. Die unterschiedlich geladenen Teilchen halten sich normalerweise im Gleichgewicht. Verändert man künstlich ihre Struktur und damit die Masse des Atomkerns, können große Energiemengen freigesetzt werden.

Mit der Einstein-Formel $E = m \cdot c^2$ lässt sich berechnen, wie viel Energie (E) aus Materiemasse (m) überführt werden kann, wobei c für die Lichtgeschwindigkeit steht, die bei etwa 300 000 km/sec liegt. Aus einem Kilogramm Materie ließe sich bei vollständiger Umwandlung eine Energie von 9 mal 10^{16} Joule gewinnen. Damit könnte Hamburg zwei Jahre lang mit Strom versorgt werden.

In Kernreaktoren werden Uran-Atomkerne aufgebrochen, indem man sie mit Neutronen beschießt. Der Kern spaltet sich, wodurch Neutronen freigesetzt werden. Das Uranatom verliert dadurch an Masse und gibt Wärmeenergie ab. Die neu freigesetzten Neutronen lösen ihrerseits eine Kettenreaktion aus. Diese kann gesteuert und in aller Regel in Sekundenschnelle gestoppt werden, indem von außen in den Neutronenhaushalt des Energiesystems eingegriffen wird. Raubt man dem Kernspaltungsprozess die Neutronen, wird er verlangsamt, oder er kommt zum Erliegen. Das geschieht mithilfe von Stoffen wie Bor, Indium oder Cadmium, die in den Reaktorblock hineingefahren werden und Neutronen absorbieren. Bei einer vollständigen Spaltung von einem Kilogramm Uran-235 tritt ein Masseverlust von einem einzigen Gramm auf. Doch das genügt, um neun Milliarden Kilojoule Energie freizusetzen.

Grundsätzlich können alle Atomkerne gespalten werden. Bei bestimmten Uran- und Plutoniumisotopen ist die Spaltung mithilfe von Neutronen allerdings besonders leicht durchzuführen. Plutonium ist ein künstlich erzeugtes Element, das in der Natur so gut wie nicht vorkommt und daher nur in speziellen Reaktortypen eingesetzt werden kann.

Neue Techniken gehen den umgekehrten Weg der Verschmelzung von Atomkernen in Kernfusionsreaktoren: Hierbei werden die Prozesse, die im Inneren der Sonne ablaufen, künstlich herbeigeführt. Es kommt ebenfalls zu einem Masseverlust und der Freisetzung von Energie, aber während sich bei der Kernspaltung das ladungsneutrale Neutron einem spaltbaren Urankern leicht nähern kann, sind bei Fusionsreaktionen die Systemkomponenten positiv geladen, weshalb sie sich abstoßen. Die Überwindung dieser Abstoßung gelingt in Umgebungstemperaturen von 50 bis 100 Millionen Grad Celsius.

Das Fusionsforschungsprojekt »International Thermonuclear Experimental Reactor« (ITER) wird seit 2005 in Frankreich aufgebaut. Die theoretische Energieausbeute von einem Gramm Fusionsbrennstoff entspricht 10 000 Litern Heizöl. Die Hauptbestandteile des Brennstoffs, Deuterium und Tritium, sind praktisch unbegrenzt verfügbar. Sie verschmelzen bei der Kernfusion zu Helium, das ungefährlich ist. Es entsteht kein langlebiger Atommüll.

Computer und Internet

Der expandierende Handel und die sich entwickelnden Naturwissenschaften erforderten im 17. Jahrhundert immer gewieftere Rechenkünste. So wurde damit begonnen, die Mathematik zu automatisieren. John Napier erfand mit Rechenbrett, -schieber und -stäbchen erste Hilfsmittel. Wilhelm Schickard vereinfachte mit seiner 1623 präsentierten »Rechenuhr« Addition, Subtraktion, Division und Multiplikation. Viele Wissenschaftler der Zeit ent-

Wilhelm Schickards Rechenuhr.

wickelten eigene Geräte, so auch Gottfried Wilhelm Leibniz, der 1673 eine »lebendige Rechenbank« präsentierte.

Einen Schritt in Richtung Computertechnik ging es mit den Lochkartensystemen, mit deren Hilfe große Datenberge analysiert, gespeichert und übermittelt werden konnten. Erfunden wurden sie 1886 von Hermann Hollerith. Er brachte seine »Hollerithmaschinen« erstmals 1890 bei einer Volkszählung in den USA zum Einsatz. Bis in die 1960er Jahre blieben Lochkarten sehr bedeutend.

Seit den 1920er Jahren wurde an elektrischen Datenverarbeitungssystemen gearbeitet. Ein Pionier auf diesem Gebiet war Vannevar Bush am berühmten Massachusetts Institute of Technology (MIT). 1930 nahm er den ersten elektro-mechanischen Großrechner in Betrieb. Weiterentwickelt wurde sein Ansatz von dem englischen Mathematiker Alan Turing. Er legte 1937 den Entwurf einer »Turing-Maschine« vor, die zwar nie gebaut wurde, aber Daten lesen, schreiben, löschen und speichern und über eine zentrale Recheneinheit mit Programmen gesteuert werden sollte.

Die »Turing-Maschine« besaß damit schon fast alle Merkmale moderner Computer. Turing, dem es während des Krieges 1942 mit einer primitiven elektronischen Rechenmaschine gelang, die Codes der deutschen Chiffriermaschinen zu knacken, postulierte, dass auch noch so komplexe Rechenaufgaben elektronisch lösbar seien, wenn sie sich in Form einer endlichen Zahlenreihe darstellen ließen. Damit bahnte er den Weg zur Erfindung einer mathematischen Universalsprache für die Computerprogrammierung und Software-Entwicklung.

Der deutsche Bauingenieur Konrad Zuse machte hierfür einen entscheidenden Schritt. Er präsentierte 1941 mit »Z3« die erste funktionsfähige, frei programmierbare Rechenanlage. Sie füllte zwar ein ganzes Wohnzimmer aus, brachte es aber immerhin schon auf 20 Rechenoperationen pro Sekunde.

Die wichtigste Innovation bestand darin, dass sie nicht mehr mit dem Dezimalsystem und den Zahlen 0 bis 9 arbeitete. Stattdessen hatte Zuse auf das binäre Zahlensystem zurückgegriffen, das nur mit den Ziffern 0 und 1 arbeitet, mit denen sich aber sämtliche Zahlen und alle Rechenoperationen als komplexe Folge von Kurzbefehlen zum »Anschalten« (1) oder Ausschalten (0) von Stromfluss und Stromschaltungen darstellen lassen. 1945 präsentierte Zuse die erste universelle Computerprogrammiersprache und nannte sie »Plankalkül«.

Damit waren die wesentlichen Voraussetzungen für den Eintritt ins Computerzeitalter geschaffen. Die erste elektronische Großrechenanlage »ENIAC« wurde 1946 in den USA in Betrieb genommen. In Anlehnung an die gängigen Kommunikationstechnologien bei Radio und Fernseher wurden zunächst klobige Röhrencomputer hergestellt. Ende der 1960er Jahre kamen Mikroprozessoren auf

Der britische Informatiker Tim Berners-Lee von der Europäischen Organisation für Kernforschung (CERN) in Bern gilt als Erfinder des World Wide Web. Das www stellt sicher, dass jeder Computerbesitzer Zugang zu den weltweit vorhandenen Informationen hat und eigene Daten einspeisen kann. Berners-Lee entwickelte hierfür 1989 die HTML-Sprache (Hypertext Markup Language), mit der Dokumente auf verschiedenen Computern in einem einheitlichen Format erstellt werden können, das HTTP-Protokoll (Hypertext Transfer Protocol), welches die Verknüpfung dieser Dokumente erlaubt, sowie die URL-Adresse (Universal Resource Locator) zu ihrer Identifizierung und Lokalisierung.

den Markt, die zum Herzstück moderner Computer wurden. Die »Chips« brachten es fertig, komplexe Rechenvorgänge auf extrem verkleinertem Raum unterzubringen und ohne großen Energieaufwand ablaufen zu lassen.

Im Herbst 1971 ging das von der US-Elektronikfirma Intel hergestellte Chipmodell mit der Typenbezeichnung »4004« in die Serienproduktion. Er bestand aus 2300 vernetzten halbleitenden Transistoren aus Metall- und Siliziumstoffen und konnte 4000 Funktionen ausführen, die durch gezielte Elektronenwanderungen angeregt wurden.

Ab Ende der 1970er Jahre wurden Computer zum Kassenschlager. Bill Gates gründete 1975 mit einem Schulfreund die Firma Microsoft und entwickelte die Programmiersprache »Tiny BASIC« für den »Altair«-Computer, der als Selbstbausatz für 397 US-Dollar auf den Markt kam. 1981 lieferte Microsoft das Betriebssystem MS-DOS für die neue Computergeneration von IBM, die erstmals als »Personal Computer« (PC) vermarktet wurde. Fortan konkurrierte IBM mit Apple um die Weltmarktdominanz.

Der hohe Vernetzungsgrad der Computer über den ganzen Globus ermöglicht heute blitzschnelle Kommunikation und Datentransfers. Entwickelt wurde dieses internationale Leitungsnetz (Internet) ursprünglich während des Kalten Krieges in den 1960er Jahren vom US-Verteidigungsministerium. Um im militärischen

Wettlauf von der Sowjetunion, die 1957 mit dem »Sputnik« die erste Rakete ins All geschossen hatte, nicht abgehängt zu werden, hatte US-Präsident Dwight D. Eisenhower die »Advanced Research Projects Agency« (ARPA) gegründet. Eine Aufgabe bestand darin, die Kommunikation zwischen Regierungs- und Militärbehörden zu verbessern, ohne hierfür eine Steuerzentrale einzurichten. Der Datenaustausch sollte dadurch auch bei Teilausfällen nach einem Bombenangriff möglich bleiben. Die Informationen sollten zudem in Paketen übermittelt werden und »Adressaten« wie »Absender« kenntlich machen.

Die ersten Experimente mit neuen Computernetzen wurden 1966 am MIT durchgeführt. Zwei Jahre später wurde die Universität Kalifornien in das Netzwerk integriert. 1969 gab es mit zwei weiteren Forschungsstellen vier miteinander verbundene Knotenpunkte im »ARPA-Net«.

Parallel dazu wurde bald auch das »Usenet« erfunden. Es benötigte keine separate Standleitung, sondern ermöglichte über einfache Telefonverbindungen den Austausch elektronischer Post (E-Mail). Mit der Entwicklung einfach zu bedienender Programme zur Darstellung von Bildschirmseiten und zur Verbindung der weltweiten Knotenpunkte boomte ab Anfang der 1990er Jahre das World Wide Web (www).

Mit E-Mail, Foren, Chats, Telefonie und Bildübertragung per PC, Laptop, Handy oder Palm wurde es binnen weniger Jahre zu einem wichtigen Medium der Massen- und Individualkommunikation.

Biotechnologie

Die Biowissenschaften umfassen auch Technologien, die auf Grundlage der Erforschung der Gene entstehen. Sobald es um solche Anwendungen geht, ist von Gen- oder Biotechnologie die Rede. Dahinter verbirgt sich ein fundamentaler Perspektivenwechsel. Bis vor einigen Jahrzehnten haben Techniker, Mediziner und Forscher fast ausschließlich mit unbelebten Instrumenten und Substanzen in die Vorgänge der Natur eingegriffen. So werden bis heute Tabletten mit »toten« Wirkstoffen verabreicht, um Symptome einer Krankheit zu lindern.

Nach demselben Prinzip funktionieren chemische Pflanzenschutzmittel. Die modernen Biotechnologien hingegen nutzen die Erkenntnisse der Genomforschung und anderer moderner Wissenschaftszweige, um mit biologischen Methoden in das Geschehen einzugreifen. Frühe Vorläufer solcher Biotechnologien sind Impfungen mit abgeschwächten Krankheitserregern, die unser Immunsystem aktivieren.

Die moderne Bio- und Gentechnologie lässt sich in rote, grüne, graue und weiße Sparten unterteilen. »Rot« nennt man Gentechnik, wenn sie sich medizinischen Fragen widmet, »grün«, wenn es darum geht, Pflanzengene zu modifizieren. »Grau« werden Verfahren genannt, die dem Umweltschutz dienen, »weiß« sind Technologien der chemischen Industrie.

Die »rote Gentechnik«, auch Biomedizin genannt, ist die größte Sparte. Sie versucht auf der Ebene des Genoms und der molekularen Abläufe in den Zellen exakt zu verstehen, was in unserem Körper vor sich geht, um mit neuen Verfahren gezielt in das Geschehen einzugreifen, Krankheiten vorzubeugen oder diese zu therapieren. Hierfür stehen vier Ebenen zur Verfügung: die Gene, die alle Prozesse steuern, die Proteine, die als Art Minimotoren diese Prozesse ablaufen lassen, die Zellen als kleinste Einheit des Lebendigen und die Umwelt.

Entscheidend für die rote Gentechnik ist eine genaue Vorstellung darüber, was in einem menschlichen Körper verändert werden soll. Man kann Gene ab- und anschalten. Man kann aber auch menschliche Proteine von gentechnisch modifizierten Bakterien erzeugen lassen und Patienten verabreichen, die selbst nicht mehr in der Lage sind, sie zu bilden.

Ein Beispiel hierfür ist Insulin, das bei Gesunden in den Inselzellen der Bauchspeicheldrüse erzeugt wird. Als erstes gentechnisch hergestelltes Medikament für Zuckerkranke kam 1982 in den USA ein Insulinpräparat auf den Markt, dessen Wirkstoff von gentechnisch veränderten Bakterien stammte. Es ersetzte tierisches Insulin, das pro Patient und Jahr zuvor aus 40 Rinderbauchspeicheldrüsen gewonnen wurde. Die rote Gentechnik zielt ebenso darauf ab, defekte Gene, Zellen oder Organe durch künstlich erzeugte zu ersetzen. Ebenso geht es darum, unser Immunsystem gezielt zu unterstützen oder zu aktivieren.

Die grüne Gentechnik ist eine Weiterentwicklung der klassischen Pflanzenzüchtung. Besondere Eigenschaften einer Pflanze werden nicht mehr in eine andere Sorte umständlich eingekreuzt. Stattdessen findet ein gezielter Transfer desjenigen Gens statt, das für die gewünschte Eigenschaft verantwortlich ist. Hierbei spielen Artengrenzen keine Rolle mehr. Die Pflanzenbiotechnologie kümmert sich um verbesserten Pflanzenschutz sowie die Herstellung spezieller Roh- und Inhaltsstoffe mithilfe gentechnisch veränderten (GV-) Pflanzen. Am weitesten verbreitet sind bisher GV-Pflanzen mit verbesserten Anbaueigenschaften. Dazu zählen schädlingsresistente Maissorten, die ein Gen des Bodenbakteriums *Bacillus thuringiensis* in sich tragen. Der Gentransfer führt dazu, dass die Bt-Pflanzen ein Protein erzeugen, das für bestimmte Fraßschädlinge wie den Maiszünsler tödlich ist.

Zunehmend werden auch Pflanzen mit optimierten Inhaltsstoffen entwickelt, etwa GV-Kartoffeln, deren Stärke besser für die Verarbeitung in der Papier und Textilindustrie geeignet ist, oder Soja, das Öl mit reduziertem Anteil potenziell gesundheitsschädlicher

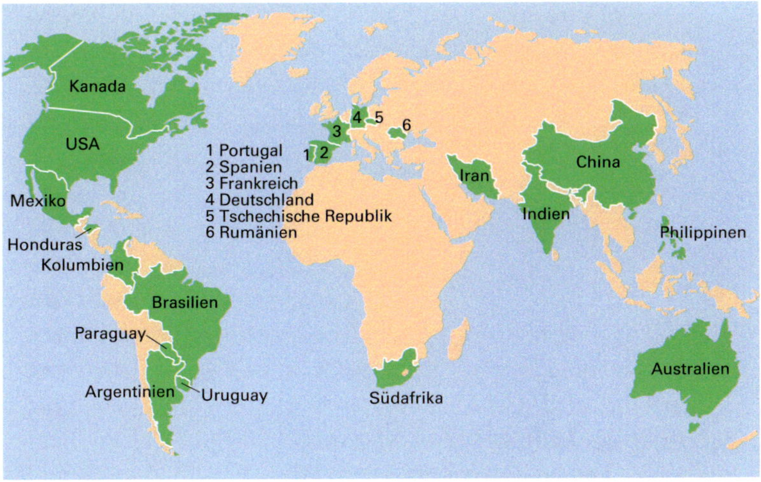

In 21 Ländern wurden im Jahr 2005 gentechnisch veränderte Pflanzen kultiviert

Linolensäuren liefert. Grundlage hierfür bilden herbizidresistente GV-Sojabohnen. Ihre Unempfindlichkeit gegen ein bestimmtes Pflanzenschutzmittel bewirkt, dass die Pflanzen auch nach dem Aufkeimen und damit über die gesamte Wachstumsperiode dosierter vor Unkräutern geschützt werden können.

Allein 2005 wurden weltweit in 21 Ländern von mehr als achteinhalb Millionen Landwirten auf einer Gesamtfläche von 90 Millionen Hektar GV-Pflanzen angebaut. In Europa und Deutschland gibt es noch wenig GV-Pflanzenanbau. Dennoch kommen auch hierzulande mehr als die Hälfte aller verarbeiteten Lebensmittel mit den modernen Biotechnologien in Berührung. Ursache sind u. a. die bei der Lebensmittelherstellung genutzten Enzyme, die mittlerweile überwiegend von transgenen Bakterien und Pilzen gewonnen werden. Das Labferment Chymosin, das die Milchgerinnung bei der Käseherstellung bewirkt, stammt aus solchen Quellen. Früher wurde es Kälbermägen entnommen.

Werden Pflanzen gentechnisch modifiziert, um medizinische Wirkstoffe zu liefern, ist von Pharming, Biopharming oder Molecular Farming die Rede. Dieses Verfahren kann zu enormen Einsparungen führen. Statt in großen Reaktoren können Medikamente in einfachen Gewächshäusern produziert werden.

In der chemischen Industrie ist ebenfalls von einer »Biologisierung« die Rede. Damit gemeint sind neue biotechnologische Verfahren, um Chemieabfälle zu reduzieren oder Produktqualitäten zu verbessern. Die BASF hat Anfang 2006 einen neuen biologisch abbaubaren Kunststoff präsentiert, der zu 45 Prozent aus Polymilchsäure besteht, die aus Mais gewonnen wird. Auch moderne Waschmittel sind Produkte der Gentechnik. Spezielle Enzyme, die von transgenen Mikroorganismen stammen, haben die Waschkraft deutlich erhöht.

Die graue Biotechnologie zielt darauf ab, Abwasser, Abgase und Abfälle mithilfe transgener Mikroorganismen zu reinigen und zu recyceln oder verunreinigte Böden zu sanieren. Hierfür werden inzwischen auch transgene Pflanzen entwickelt, die Schadstoffe über ihre Wurzeln aufnehmen. Im Labor ist es gelungen, die heimische Ackerschmalwand, die häufig an Bahntrassen wächst, per Gentransfer darauf abzustellen, Arsen anzureichern. Erste Einsatzorte dieser Technologie könnten Indien und Bangladesh sein, wo Trinkwasser über weite Gebiete arsenbelastet ist.

Anhang

Forscherdimensionen

Weltgeschichtliche Zeitmaßstäbe

Die Erde ist etwa 4,5 Milliarden Jahre alt, vor 3,9 Milliarden Jahren entwickelte sich erstes Leben auf ihr. Der Mensch (Homo sapiens) tauchte vor etwa 160 000 Jahren auf, die ersten antiken Hochkulturen gab es vor ungefähr 6000 Jahren. Würde man die gesamte Erdgeschichte in einen 24-stündigen Tag komprimieren, gäbe es knapp 21 Stunden lang Leben auf der Erde. Der Homo sapiens würde in den letzten 3,1 Sekunden in Erscheinung treten, antike Hochkulturen samt den folgenden modernen Zivilisationen in der letzten Zehntelsekunde.

Nanotech-Maschinen

Technologien, die mit dem Wort »Nano« beginnen, sind nur mit speziellen Mikroskopen erkennbar. Nano steht für 10^{-9} (ein Milliardstel), ein Nanometer [nm] entspricht also dem Milliardstel eines Meters = 10^{-9} Meter = 10^{-6} Millimeter = 0,000 001 Millimeter. Mit der Nanotechnologie werden bspw. ultradünne Schichten hergestellt, die auf Glasscheiben gezogen werden. Geht man zur Veranschaulichung von einer fünf Millimeter dicken Glasscheibe und einer zehn Nanometer dünnen Beschichtung aus und vergrößert die Schicht auf einen Millimeter, würde die Dicke der Glasscheibe auf 500 Meter anwachsen.

Kleinste Materie

Der Durchmesser eines einfachen Atoms samt Kern und Elektronenhülle misst ungefähr einen Ångström [Å] = 10^{-10} Meter = 10^{-7} Millimeter = 0,000 000 1 Millimeter. Ein Tischtennisball ist zum Vergleich auf einen Durchmesser von 40 Millimetern genormt. Würde man sich das Atom in Stecknadelkopfgröße mit einem zwei Millimeter großen Durchmesser vorstellen, betrüge der des Tischtennisballs 8000 Kilometer und damit etwa zwei Drittel des Erddurchmessers.

Lichtgeschwindigkeit

Die Lichtgeschwindigkeit (c) ist die Ausbreitungsgeschwindigkeit von Licht (und von anderen elektromagnetischen Wellen). Sie beträgt im Vakuum 299 792 458 Meter pro Sekunde [m/s] = 299 792,458 Kilometer pro Sekunde [km/s] = 1 079 252 849 Kilometer pro Stunde [km/h] – also etwa 1,08 Milliarden km/h. Der Äquatorumfang der Erde misst 40 075,004 Kilometer. Ein Fahrzeug mit Lichtgeschwindigkeit würde die Erde über dem Äquator in einer einzigen Sekunde etwa siebeneinhalb Mal umrunden. Zur Sonne, die im mittleren Abstand von 149,6 Millionen Kilometern zur Erde liegt, bräuchte es etwas mehr als acht Minuten – so lange wie das Licht der Sonne zu uns.

Unendliches Universum

Um sich die Größenordnungen innerhalb unseres Sonnensystems modellhaft vorstellen zu können, ist eine Verkleinerung um den Faktor 1,4 Milliarden sinnvoll. Dann betrüge der Sonnendurchmesser statt gemittelten 1,4 Millionen Kilometern nur noch einen Meter. Die mittleren Sonnenabstände der Planeten und ihre Durchmesser wären in einem solchen Modell:

Planet	Abstand zur »Sonne« [Meter]	Planetendurchmesser [Millimeter]
Merkur	41	3,5
Venus	77	8,6
Erde	107	9,1
Mars	163	4,9
Jupiter	556	102,0
Saturn	1019	86,0
Uranus	2051	37,0
Neptun	3213	35,0
Pluto	4219	1,6

Das gesamte Universum bleibt dagegen unvorstellbar groß: Es umfasst im beobachtbaren Raum schätzungsweise 100 Milliarden Sonnensysteme und hat einen Durchmesser von etwa 96 Milliarden (96×10^9) Lichtjahren.

Zum Weiterlesen

Albertz, Rainer / Hiesel, Gerhard / Klengel, Horst u.a.: *Frühe Hochkulturen*, Stuttgart 2003 (364 S., Theiss Verlag)
Die wichtigsten Beiträge zur Zivilisationsgeschichte des Orients sind in diesem Sammelband von sieben Autoren zusammengetragen worden. Beschrieben werden die Leistungen der Ägypter, Sumerer, Assyrer, Babylonier, Hethiter, Minoer, Phöniker und Perser. Dem interessierten Leser wird damit ein fundierter Einblick in das Denken und Handeln unserer Vorfahren geboten. Zahlreiche Abbildungen, Karten und Illustrationen bereichern die Lektüre.

Bryson, Bill: *Eine kurze Geschichte von fast allem*, München 2005 (668 S., Goldmann Verlag)
In Anlehnung an Stephen Hawkings ›Kurze Geschichte der Zeit‹ hat Bryson den mutigen Versuch unternommen, (fast) alle bedeutenden Wissenschaftszweige zwischen zwei Buchdeckeln abzuhandeln. Bemerkenswert ist dabei auch, dass sich Bryson zuvor als erfolgreicher Reiseschriftsteller betätigte. Angespornt war er vom Gedanken, »dass ich vom einzigen Planeten, auf dem ich jemals leben würde, eigentlich keine blasse Ahnung hatte«. Umso größer ist die Hochachtung vor dieser kurzweiligen und kompetenten Lektüre.

Chown, Marcus: *Warum Gott doch würfelt. Über »schizophrene Atome« und andere Merkwürdigkeiten aus der Quantenwelt*, München 2005 (218 S., dtv)
»Gott würfelt nicht«, behauptete einmal Albert Einstein, um seine Skepsis gegenüber der Quantenphysik auszudrücken. Bis heute übersteigt es unsere Vorstellungskraft, dass sich ein Energieteilchen gleichzeitig an zwei verschiedenen Orten befinden soll. Aber um derlei Zustände geht es der Quantenphysik tatsächlich. Marcus Chown bietet eine Einführung in diese uns fremdartige Welt der kleinsten Teilchen – nach ›Die Suche nach dem Ursprung der Atome‹ (München 2002) und ›Das Universum nebenan‹ (München 2003) ein weiteres lesenswertes Buch des Physikers und Wissenschaftsjournalisten.

Feynman, Richard P.: *Sechs physikalische Fingerübungen*, München 2003 (224 S., Piper)
Feynman ist Träger des Nobelpreises für Physik und ein exzellenter Lehrer. Seine Vorlesungen, die er Anfang der 1960er in Kalifornien hielt, sind

Legende und auch für Nichtphysiker leicht verständlich. In diesem Band sind sechs seiner Vorträge dokumentiert. Feynman erklärt Atome, Energie, Gravitation und Quanten und widmet sich auch dem »Verhältnis der Physik zu anderen Wissenschaften«.

Fortey, Richard: *Der bewegte Planet. Eine geologische Reise um die Erde*, Heidelberg 2005 (434 S., Spektrum Akademischer Verlag / Elsevier Group)
Fortey ist Paläontologe und Erfolgsautor vom »Natural History Museum« in London. In seinem Buch erklärt er aus profunder Geologensicht das »System Erde«. Sein Anliegen, die Leser für die Geologie zu begeistern, geht auf. Fortey erzählt wie ein poetischer Reiseführer über Vulkane, Gebirgs- und Inselketten und deren Bewohner, um wichtige naturwissenschaftliche Phänomene vor Augen zu führen.

Fischer, Ernst Peter: *Am Anfang war die Doppelhelix. James D. Watson und die neue Wissenschaft vom Leben*, München 2003
(330 S., Ullstein Verlag)
Zum 75. Geburtstag des Genforschers James Dewey Watson hat der Wissenschaftshistoriker Ernst Peter Fischer eine fesselnde Biografie vorgelegt, in der das beeindruckende Schaffen des Wissenschaftlers samt der Geschichte der DNS aufgerollt werden. Fischer präsentiert in seinem Buch nicht nur wissenschaftliche Fakten, sondern auch die mitunter umstrittenen Positionen des Cambridge-Forschers, der stets dafür plädiert, bei einem ungeborenen Kind genetische Behinderungen zu beheben, wenn die Eltern dies wünschen.

Ganten, Detlev / Deichmann, Thomas / Spahl, Thilo: *Naturwissenschaft. Alles, was man wissen muss*, München 2005 (612 S., dtv)
»Durch den Bezugspunkt Leben und eine wunderbar verständliche Sprache gelingt es den Autoren, auf knappem Raum verblüffend viele spannende und unterhaltsame Details unterzubringen, ohne dass der Überblick verloren ginge«, befand der ›Spiegel‹ über dieses Buch, an dem außer den Autoren des vorliegenden Buches auch der Vorstandsvorsitzende der Charité-Universitätsmedizin Berlin, Prof. Detlev Ganten, mitgewirkt hat. Vom Urknall über die Entstehung der Erde, die Formen des Lebens und die Evolution der Arten spannt sich der Themenbogen über fünf Kapitel bis hin zu Medizin, Gentechnik und Hirnforschung.

Hawking, Stephen / Mlodinow, Leonard: *Die kürzeste Geschichte der Zeit*, Reinbek 2005 (192 S., Rowohlt)
Mit seinen Büchern wurde der Physiker Stephen Hawking weltweit zum Bestsellerautor. Der Experte für »schwarze Löcher« sucht in den letzten Jahren nach einer vollständigen und vereinheitlichenden Theorie sämtlicher Naturkräfte. Das spiegelt sich auch in der Neuauflage seines Werkes, in dem er sich komplexen Zusammenhängen widmet: Urknalltheorie, Wurmlöcher, Zeitreisen und vieles mehr. Das Verständnis erleichtern zahlreiche Illustrationen, von denen es übrigens noch viel mehr in ›Die illustrierte kurze Geschichte der Zeit‹ (Reinbek 2004) zu bewundern gibt.

Kehlmann, Daniel: *Die Vermessung der Welt*, Reinbek 2005 (304 S., Rowohlt)
Kehlmanns Bestseller ist nichts für Leser, die auf eine absolut korrekte Widergabe biografischer Daten und wissenschaftlicher Fakten Wert legen. Dennoch kann man in seinem historischen Roman viel über die Zeit und das Schaffen des »Fürsten der Mathematik« Carl Friedrich Gauß und des großen Naturforschers Alexander von Humboldt lernen – und das auf äußerst unterhaltsame Weise.

Maddox, John: *Was zu entdecken bleibt. Über die Geheimnisse des Universums, den Ursprung des Lebens und die Zukunft der Menschheit*, Frankfurt 2000
Visionär und fundiert fasst der langjährige Herausgeber der Fachzeitschrift ›Nature‹ in diesem Buch den grundlegenden wissenschaftlichen Kenntnisstand am Ende des 20. Jahrhunderts zusammen, um anschließend zu zeigen, wie es in den nächsten Jahrzehnten weitergehen mag. Dabei bleibt Maddox der Maxime der Forschung treu, dass die Wissenschaft nie zu einem Ende kommen wird.

Mayr, Ernst: *... und Darwin hat doch Recht. Charles Darwin, seine Lehre und die moderne Evolutionstheorie*, München 1994 (239 S., Piper)
Ernst Mayr, 2005 im stolzen Alter von 100 Jahren verstorben, ist einer der bedeutendsten Evolutionsbiologen nach Charles Darwin. Er ist Mitbegründer der »Synthetischen Theorie der Evolution«, mit der Mitte letzten Jahrhunderts Darwins Konzept der natürlichen Auslese mit den modernen Erkenntnissen der Genetik in Einklang gebracht werden konnte. In seinem Buch liefert Mayr eine einzigartig prägnante Einführung in die moderne Evolutionsbiologie. Er widmet sich auch den Auseinandersetzungen um Darwins Werk.

Scarre, Chris: *Die siebzig Weltwunder. Die geheimnisvollsten Bauwerke der Menschheit und wie sie errichtet wurden*, München 2004 (304 S., Frederking & Thaler)
In diesem Bildband werden die großartigen technischen Leistungen vom 5. Jahrtausend v. Chr. bis ins ausgehende Mittelalter vorgestellt. Neben den Pyramiden von Gizeh, Stonegenge und der Chinesischen Mauer geht es auch um weniger bekannte Heiligtümer, Befestigungen, Paläste und Häfen.

Schneider, Reto U.: *Das Buch der verrückten Experimente*, München 2004 (303 S., C. Bertelsmann)
Dass wissenschaftliche Experimente mitunter äußerst skurrile Ergebnisse hervorbringen, davon zeugt das unterhaltsame Buch von Reto U. Schneider, Redakteur bei ›Folio‹, einem Beilagemagazin der ›Neuen Zürcher Zeitung‹. Man erfährt, wie es einem Hund erging, der mit dem Erbrochenen von Gelbfieberpatienten gefüttert wurde, und ob Männer mit Viagra unter einem Kernspintomografen zur Erektion kommen. Nichts für empfindliche Gemüter, aber ausgezeichnete und kurzweilige Urlaubslektüre.

Schultheis, Rainer: *DonnerWetter! Sonne, Regen, Wind und Wolken – wie das Klima entsteht*, Reinbek 2003 (128 S., rororo Rotfuchs, Rowohlt Tb.)
Schultheis ist der österreichische »Wettermann« im Fernsehen. Sein unterhaltsames und informatives Buch ›Wind und Wetter‹ ist zwar eigentlich für Jugendliche geschrieben, aber für Erwachsene nicht minder lesenswert. In Zeiten, wo allerorts (nicht selten unfundiert) über den »Klimawandel« gestritten wird, liefert Schultheis die elementaren Grundlagen zu seinem Verständnis.

Simper, Gerd: *Vulkanismus verstehen und erleben*, Feuerbach 2005 (452 S., Feuerland-Verlag)
Gerd Simper ist Ingenieur, Politologe, ehemaliger Entwicklungshelfer und Fan von »Vulkanen«, die er auf der ganzen Welt bereist und studiert hat. Sein reich illustriertes Buch erklärt alles, was man braucht, um das »Leben« der Vulkane zu verstehen. Simper bleibt sachlich und wissenschaftlich, aber gut verständlich. Als Zugabe liefert er Wegbeschreibungen – vor allem in Europa –, die zum persönlichen Erkenntnisgewinn an den Orten aktuellen oder erloschenen vulkanischen Geschehens animieren.

Singh, Simon: *Big Bang. Der Ursprung des Kosmos und die Erfindung der modernen Naturwissenschaft*, München 2005 (542 S., Hanser)
Der Physiker und Wissenschaftsjournalist Singh erzählt, wie die Urknalltheorie auf Grundlage der »klassischen« Astronomie zum Durchbruch kam und wie sich das Weltbild von der Antike über Kopernikus, Kepler und Galilei bis in die Neuzeit mit neuen wissenschaftlichen Erkenntnissen immerzu veränderte. »Urknall-Anfänger« können aufatmen, denn Singh lässt in seinem spannend geschriebenen Buch die hochkomplexen Fragen, mit denen sich die Kosmologen heute herumzuschlagen haben, außen vor.

Sobel, Dava: *Die Planeten*, Berlin 2005 (268 S., Berlin Verlag)
Die US-Journalistin Dava Sobel ist durch ihr Buch ›Längengrad‹ (Berlin 2003) bekannt geworden. Darin erzählt sie packend, wie sich im ausgehenden Mittelalter die klügsten Köpfe Europas das ehrgeizige Ziel setzten, eine Methode zu finden, die es Seeleuten ermöglicht, den genauen Längengrad ihrer Position auf See zu bestimmen – dem schottischen Uhrmacher John Harrison gelang der Coup. In ihrem neuen Buch blickt Sobel in den Weltraum. Wieder ist es ihr gelungen, ein wichtiges Stück Wissenschaftsgeschichte in der Form eines spannenden Romans zu präsentieren.

Wissenschaftsfilme

Bionik – Die Natur als Vorbild (DVD, 78 Min.)
Die Natur hat im Laufe der Jahrmillionen perfekte »Geschöpfe« hervorgebracht und diese immer weiter optimiert. Sie sind zu einem begehrten Forschungsobjekt der Bionik geworden, die sich auch darum bemüht, aus der Biologie technische Anwendungen abzuleiten – den Lotuseffekt zum Beispiel. Die dreiteilige Serie zeigt, dass es von der Natur noch viel zu lernen gibt.

Das Jahrhundert der Technik 1 & 2 (2 DVDs, 172 Min.)
Ohne die großen Erfindungen und Entdeckungen des 19. Jahrhunderts wäre unser heutiger Lebensstandard undenkbar. In dieser vierteiligen Dokumentation des Deutschen Museums in München geht es um die »Zeit der Pioniere«, darunter Otto Lilienthal, Max Planck und Marie Curie, die Themen »Technik und Masse«, »Technik und Macht« sowie »Dynamik der Technologie«. Dabei wird klar: mit weniger Technik sind auch die Herausforderungen des 21. Jahrhunderts nicht zu bewältigen.

Das Wunder des Lichts 1 & 2 (2 DVDs, 172 Min.)
Diese mehrteilige Serie schildert die Suche nach einer Antwort auf die Frage: Was ist Licht? Sie begleitet Forscher wie Isaac Newton, Galileo Galilei und Albert Einstein bei ihren mitunter abenteuerlichen Versuchen, das Rätsel zu lösen. Von den frühen Interpretationen der griechischen Philosophen bis hin zur aktuellen Forschung und Technikentwicklung wird ein spannender Einblick gegeben.

Denken, Fördern, Gestalten – Die Herausforderung Wissenschaft
(DVD, 20 Min.)
Die Deutsche Forschungsgemeinschaft (DFG) ist die wichtigste Wissenschaftsförderorganisation in Deutschland. Die von ihr produzierte DVD enthält Filmsequenzen und einen multimedialen, interaktiven Teil. Vorgestellt werden die aktuellen Forschungsschwerpunkte und die deutsche Forschungslandschaft. Der Film steht auch zum Herunterladen im Internet: www.dfg.de/media/dfg_imagefilm/index.html.

Die Geburt der Erde – Die Naturgeschichte unseres Planeten
(4 DVDs, 180 Min.)
Wie alt ist unsere Erde und wie ist unser Heimatplanet in den Weiten des Universums entstanden? Warum konnte irdisches Leben entstehen? Die BBC-Filmdokumentation widmet sich diesen und anderen Fragen mit faszinierenden Aufnahmen und Effekten in vier Kapiteln: Der Feuerball; Der Puls der Vulkane; Kollision der Kontinente; Der Zyklus des Lebens.

Die großen Forscher und Entdecker (DVD, 60 Min.)
Die »National Geographic Society« erzählt in dieser Dokumentation die spannenden Geschichten von Frauen und Männern, die viel riskierten, um das Wissen über die Erde zu mehren. Viele dieser großen Entdeckungen sind unmittelbar mit der »National Geographic Society« verknüpft, denn sie finanzierte unzählige Forschungsreisen an die entlegendsten Flecken der Welt.

Einsteins Relativitätstheorie – Das Geheimnis von Raum und Zeit
(DVD, 60 Min.)
Mit der berühmten Formel $E=mc^2$ hob Albert Einstein zu Beginn des 20. Jahrhunderts die Wahrnehmung der Welt aus den Angeln. Er postulierte: Masse und Energie sind äquivalent, Licht die ultimative Größe, Zeit und Raum sind relativ. Die Filmdokumentation erklärt und erzählt eindrucksvoll die »Einsteinsche Revolution«.

Erde – Wasser – Luft (6 DVDs, 253 Min.)
Diese DVD-Kollektion beinhaltet faszinierende Wissenschaftsfilme, die auch einzeln erhältlich sind: ›Nomaden der Lüfte‹ (2 DVDs, 94 Min.) begleitet Zugvögel auf ihrem Flug von einem Breitengrad zum nächsten. ›Mikrokosmos‹ (2 DVDs, 72 Min.) ist eine faszinierende Reise in die Welt der kleinsten Tiere jenseits der Wahrnehmung des menschlichen Auges. ›Deep Blue‹ (2 DVDs, 87 Min.) führt den Betrachter in die Welt unserer Ozeane – die vom fünfmaligen Oscar-Nominee George Fenton komponierte Filmmusik für die Berliner Philharmoniker intensiviert das Filmerlebnis.

Reisen durch die Zeit – Die atemberaubende Entwicklungsgeschichte unseres Planeten (DVD, 90 Min.)
Diese BBC-Dokumentation ist dem Phänomen »Zeit« auf der Spur. Zeitraffer verdeutlichen, dass die Erde kein beständiger Ort ist, dass sie sich vielmehr jeden Tag ein klein bisschen verändert. Darüber hinaus geht es um Zeitdimensionen des Lebens: Warum werden Lebewesen unterschiedlich alt, wieso verbringt eine Zikadenart 17 Jahre im Erdboden, bevor sie schlüpft? Auch die Zeitmessung wird behandelt und die Frage, wie Menschen mit dem »Wettlauf mit der Zeit« umgehen.

Space Odyssey – Mission zu den Planeten (DVD, 114 Min.)
Auf Grundlage der Erfahrungen aus vier Jahrzehnten menschlicher Raumfahrt und Forschungserkenntnissen schildert der Film ein wirklichkeitsnahes dramatisches Szenario: Fünf Astronauten der »Pegasus«-Mission bekommen den Auftrag, unsere Nachbarplaneten zu besuchen. Ihre Abenteuer auf Venus, Mars, Jupiter-Mond Io, den Saturn-Ringen und Pluto machen nicht zuletzt klar, wie gut wir es uns auf unserem Heimatplaneten eingerichtet haben.

Museen und Erlebniswelten

Einen umfassenden Überblick über die Museenwelt in Deutschland bietet die virtuelle Internetbibliothek: www.vl-museen.de

Arithmeum – rechnen einst und heute, Bonn
Das Arithmeum vermittelt das Lernen, Erfahren und Verstehen von wissenschaftlichen und technischen Fakten. Mit seiner modernen Architektur und

seinem speziellen Ausstellungsdesign fördert es auch die Begegnung von Kunst und Wissenschaft. Im Arithmeum kann man bizarre Rechenapparate, hochmoderne Logikchips und historische Rechenbücher bestaunen. Die Sammlung mechanischer Rechenmaschinen zählt mit mehr als 1200 Exponaten zu den größten weltweit. (www.arithmeum.de, Tel. 0228-738790)

Deutsches Museum, München

Das Deutsche Museum ist eines der bedeutendsten naturwissenschaftlich-technischen Museen der Welt. Über 50 000 qm und mehr als 17 000 Exponate ziehen jährlich Millionen von Besuchern aus aller Welt in den Bann. Seit der Gründung 1903 sind Bildung und Unterhaltung die Säulen der Konzeption: Der Besuch im Deutschen Museum ist lehrreich, macht Spaß und weckt das Interesse an Naturwissenschaft und Technik. Ableger sind das Verkehrszentrum München, die Flugwerft Schleißheim sowie das Deutsche Museum Bonn mit dem Schwerpunkt Forschung und Technik nach 1945. (www.deutsches-museum.de, Tel. 089-2179-1)

Mathematikum, Gießen

Das Mathematikum ist das erste mathematische »Mitmachmuseum« der Welt für Besucher jeden Alters. Man kann Puzzles legen, Brücken bauen, sich den Kopf bei Knobelspielen zerbrechen, den »goldenen Schnitt« kennen lernen und vieles mehr. Seit seiner Eröffnung im Jahr 2002 ist das Mathematikum rasch zu einem Besuchermagnet geworden.
(www.mathematikum.de, Tel. 0641-9697970)

Naturmuseum Senckenberg, Frankfurt am Main

Das Senckenbergmuseum ist das größte Naturkundemuseum in Deutschland. Es zeigt die aktuelle Vielfalt des Lebens (Biodiversität) und die Entwicklung der Lebewesen (Evolution) sowie die Verwandlung unserer Erde über Jahrmillionen hinweg. Aus allen Bereichen der Biologie, Paläontologie und Geologie werden neueste Forschungsergebnisse vorgestellt.
(www.senckenberg.de, Tel. 069-75420)

phaeno – Die Experimentierlandschaft, Wolfsburg

In der Experimentierlandschaft phaeno wird an 250 interaktiven Stationen die Möglichkeit gegeben, Phänomene aus Naturwissenschaft und Technik spielerisch zu entdecken. Dazu gibt es Sonderprogramme zur Erforschung der Klangwelt und anderer Themen. Allein die avantgardistische Architektur des phaeno ist eine Reise wert. (www.phaeno.de, Tel. 0180-1060600)

Universum Science Center, Bremen
Im spektakulären silberfarbenen Gebäude des Wissenschaftszentrums sind auf rund 4000 qm etwa 250 interaktive Stationen untergebracht. Auf einem Rundgang durch die Themen Mensch, Erde und Kosmos wird der Besucher selbst zum Forscher und Entdecker.
(www.universum-bremen.de, Tel. 0421-33460)

Deutsches Bergbau-Museum, Bochum
Das Deutsche Bergbau-Museum ist mit seinen etwa 400 000 Besuchern pro Jahr eines der meistbesuchten Museen Deutschlands. Es ist das bedeutendste Bergbaumuseum der Welt. Übertägige Ausstellungen und ein originalgetreues Anschauungsbergwerk im Untergrund bieten Einblicke in die Welt des Bergbaus. Zusätzlich bietet das Fördergerüst einen phantastischen Blick über Bochum und das Ruhrgebiet.
(www.bergbaumuseum.de, Tel. 0234 58770)

Vulkanpark, Eifel
Mit gewaltigen Eruptionen schufen die Vulkane der Eifel Deutschlands jüngste Lava-Landschaft. Zuletzt brach der gewaltige Laacher-See-Vulkan vor 13 000 Jahren aus. Der Vulkanpark im Kreis Mayen-Koblenz gibt faszinierende Einblicke in den Eifelvulkanismus, die Entstehung der Landschaft sowie die Nutzung von Lava, Bims und Tuff von der Römerzeit bis heute.
(www.vulkanpark.com, Tel. 02632-98750)

Aquarium, Berlin
Als Nachfolger des berühmten »Berliner Aquariums« wurde in den Jahren 1911–1913 an der Budapester Straße das Aquarium des »Aktien-Vereins des Zoologischen Gartens zu Berlin« errichtet. Seit jeher zählt das Zoo-Aquarium Berlin zu den artenreichsten Schauaquarien der Welt. Neben dem »Tierpark« und dem »Zoo« ein drittes attraktives Ausflugsziel in der Bundeshauptstadt. (www.aquarium-berlin.de, Tel. 030-254010)

Noctalis – Welt der Fledermäuse, Bad Segeberg
Auf vier Etagen kann man die Vielfalt, Schönheit und Eigenart der Fledermäuse bewundern, eine Höhle erkunden und die Tiere der Nacht hautnah erleben. Bad Segeberg ist Deutschlands »Fledermaus-Metropole«.
(www.noctalis.de, Tel. 04551-808211)

PalmenGarten, Frankfurt am Main
Der 1868 gegründete Palmengarten Frankfurt mit Tropicarium, Kakteengarten, Subantarktishaus und etlichen weiteren Stationen ist einzigartig schön. Gezeigt werden Schwiegermuttersessel, Schraubenbaum, Taschentuchbaum, Baumfarne und Gewächse, die durch ihre spezielle Lebensweise interessant sind: »Fleisch fressende« Pflanzen, »lebende Steine« oder Bromelien, Farne und Orchideen, die hoch oben in den Baumkronen leben. (www.palmengarten-frankfurt.de, Tel. 069-212-33939)

Deutsches Hygiene-Museum, Dresden
Das Deutsche Hygiene-Museum Dresden erhielt 1991 als »Museum vom Menschen« eine Konzeption, die wieder an seine Gründerjahre Anfang des letzten Jahrhunderts anknüpft: Es vermittelt auf spannende Art und Weise Kenntnisse zur Anatomie des Menschen und behandelt auch Fragen der Gesundheitsvorsorge und Ernährung. (www.dhmd.de, Tel. 0351-48460)

Salzbergwerk, Berchtesgaden
Im Salzbergwerk Berchtesgaden und in der nicht weit davon entfernten »Alten Saline« in Bad Reichenhall kann man die »Salzwelt« kennen lernen. In traditioneller Bergmannstracht beginnt die Führung auf der Grubenbahn rund 700 Meter weit ins Innere des Berges. Über Rutschen, durch dunkle Stollen und auf einem Floß über einen Salzsee geht es weiter bis ins Museum mit Exponaten über die Bergwerksarbeit einst und heute. Das Salzbergwerk ist seit 1517 ununterbrochen in Betrieb. Derzeit werden etwa 600 000 Kubikmeter Sole jährlich gefördert.
(www.salzbergwerk-berchtesgaden.de, Tel. 08652-600220)

Deutsches Meeresmuseum, Stralsund
Das Deutsche Meeresmuseum in Stralsund ist das größte Naturkunde-Museum Norddeutschlands. Es bietet Einblicke in das Leben im Meer sowie seine Nutzung und Erforschung durch den Menschen. In 45 Aquarien können zudem eine Vielzahl heimischer und tropischer Meerestiere bewundert werden. Die Außenstellen »Natureum« in Born am Darß, »Nautineum« auf der Insel Dänholm und das im Aufbau befindliche »Ozeaneum« in Stralsund ergänzen das Angebot.
(www.meeresmuseum.de, Tel. 03831-2650210)

Zeiss-Planetarium, Bochum & Planetarium, Kiel
Im Planetarium Bochum kann man eine fantastische Reise in den Weltraum unternehmen. In einem abgedunkelten Kuppelraum leuchtet der

Himmel mit 9000 Sternen. Eine Rechneranlage ermöglicht es in Sekundenschnelle, die Sterne von jedem Ort der Erde in Augenschein zu nehmen und den Himmel in ferner Vergangenheit und Zukunft darzustellen. Ein Hightech-Erlebnis bietet auch das Planetarium in Kiel. Traditioneller aber nicht minder spannend kann man den Kosmos in den zahlreichen Sternwarten in ganz Deutschland kennen lernen.
(www.planetarium-bochum.de, Tel. 0234-51606-13;
www.mediendom.de, Tel. 0431-210-1741)

Zeittafel der Wissenschafts- und Technikgeschichte

Vor Christus:

700 000	Nutzung von Feuer
40 000	Musikinstrumente; Grabbeigaben; Werkzeuge aus Knochen, Holz und Stein
20 000	Einsatz von Pfeil und Bogen
8500	Beginn des Ackerbaus
7000	Webstuhl im Vorderen Orient; Anfänge der Keramik- und Metallherstellung
5000	Bewässerungsanlagen in Ägypten und Mesopotamien
4000	Holzpflüge einfachster Form in Europa; seetüchtige Segelschiffe
3900	Beginn der Kupferzeit in Ägypten und Mesopotamien
3600	Ägypter schmelzen Gold, Silber und Kupfer mit Blasrohröfen
3500	Schnelllaufende Töpferscheiben
3300	Holzhacke, Rinderpflug und andere Ackerbaugeräte in Ägypten
3200	Sumerer bauen vierrädrige Wagen; Balkenwaage in Ägypten
3000	Sumerer entwickeln Keilschrift, Waffen und Werkzeuge aus Kupfer und Silber; Ägypter entwickeln Hieroglyphenschrift
2700	Älteste Funde von beschriebenem Pergament in Ägypten; Ägypter führen Kalender mit 365 Tagen ein; Sonnenuhren; Beginn der Bronzeherstellung aus Kupfer und Zinn
2590	Beginn des Baus der Pyramiden von Gizeh
2000	Herstellung von Glas; in Babylonien entsteht Verzeichnis von Sternbildern und Fixsternen; Eisengewinnung mit Herdöfen in Afrika und in Babylonien

1800 Streitwagen mit Speichenrädern
1700 Ältestes gedrucktes Dokument mit Prägestempeln auf Tontafel auf Kreta
1500 Hethiter erfinden Eisengewinnung, Beginn der Eisenzeit
1250 Schifffahrtskanal zwischen Nil und Rotem Meer; Wasserschöpfräder
1100 Magnetischer Richtungsweiser in China
910 Chinesen erfinden Druckerpresse
700 Entstehung der griechischen Stadtstaaten (Polis); Aquädukt zur Wasserversorgung von Ninive
650 Lydier in Kleinasien erfinden Münzprägung aus Gold und Silber
600 Bau römischer Steinbrücken; Saftpressen in Griechenland; Armbrust in China
585 Thales von Milet sagt Sonnenfinsternis voraus
500 Rechenschieber und Wasserwaage in Ägypten
387 Platon gründet in Athen die Akademie
384 Aristoteles begründet die auf Beobachtung basierende Naturforschung
352 Chinesische Astronomen beobachten eine Supernova
312 Beginn des Straßenbaus von Rom nach Capua
288 Gründung der Bibliothek von Alexandria
263 Öffentliche Sonnenuhr in Rom
215 Baubeginn der Chinesischen Mauer
200 Wassermühlen in Syrien und Palästina

Nach Christus:

105 Der Chinese Tsai Lun erfindet das Papier; Schubkarre in China
200 Chinesen nutzen Magnetkompass zur Seefahrt
800 Chinesen führen die Zahl Null ein
820 Älteste deutsche Sonnenuhr in Fulda
1144 Europäische Papiermühle in Spanien
1170 Gründung der Universität von Paris
1202 Leonardo da Pisa stellt die neue Arithmetik mit neun indischen Ziffern und der Null dar
1270 Lesebrillen mit geschliffenen Linsen in Italien
1288 Bau einer Kanone in China
1300 Mechanische Uhren; Ausdehnung der Steinkohleförderung im Aachener Revier und im Ruhrgebiet

1308	Bei der Erstürmung von Gibraltar werden erstmals in Europa Kanonen eingesetzt
1386	Gründung der Universität von Heidelberg
1446	Erfindung des Buchdrucks mit beweglichen Lettern durch Johannes Gensfleisch zum Gutenberg
1450	Gewehr (tragbare Kanone) in den Niederlanden
1492	Christoph Kolumbus entdeckt Amerika
1500	Leonardo da Vinci entwirft Flugapparat, Fallschirm und andere technische Konstruktionen
1502	Peter Henlein baut die Taschenuhr mit Federzug
1543	Nikolaus Kopernikus veröffentlicht sein Hauptwerk ›Über die Umläufe der Himmelskörper‹
1557	Einführung des Gleichheitszeichens in der Mathematik
1580	Tycho Brahe baut eine Sternwarte
1582	Papst Gregor XIII. ersetzt den »julianischen« durch den »gregorianischen« Kalender
1583	Galileo Galilei stellt die Abhängigkeit der Schwingungsdauer von der Pendellänge fest
1584	Giordano Bruno behauptet, dass das Universum unendlich und Fixsterne Zentren von anderen Planetensystemen sind
1590	Hans und Zacharias Janssen erfinden das Mikroskop
1592	Galileo Galilei entwickelt Gasthermometer
1600	William Gilbert prägt den Begriff »Electrica«
1608	Hans Lipperhey erfindet das Fernrohr
1609	Johannes Kepler beschreibt in seinem Werk ›Neue Astronomie‹ die elliptischen Planetenlaufbahnen
1610	Galileo Galilei entdeckt Jupitermonde und liefert den Nachweis, dass sich Planeten um die Sonne bewegen
1623	William Schickard erfindet in Tübingen die »Rechenuhr«
1635	Henry Gellibrand stellt fest, dass sich die Lage der Erdmagnetpole verändert
1638	Galileo Galilei formuliert die Fallgesetze
1650	Otto von Guericke erfindet die Luftpumpe und erzeugt ein Vakuum
1662	Regelmäßig verkehrende Pferdeomnibuslinie in Paris
1665	Robert Hooke entdeckt Zellen unterm Mikroskop
1666	Isaac Newton stellt das Gravitationsgesetz auf
1657	Christiaan Huygens lässt Pendeluhren bauen
1668	John Wallis formuliert den Impulserhaltungssatz; Newton erfindet das Spiegelteleskop

1672	Newton formuliert Farbenlehre und Korpuskulartheorie des Lichtes
1673	Gottfried Leibniz baut mechanische Rechenmaschine für die vier Grundrechenarten und erfindet die Infinitesimalrechnung (unabhängig von ihm auch Newton)
1675	Olaus Rømer schätzt die Lichtgeschwindigkeit zu 228 000 km/s
1678	Christiaan Huygens formuliert Wellentheorie des Lichtes
1700	Gründung der Akademie der Wissenschaften in Berlin
1714	Daniel Gabriel Fahrenheit konstruiert Quecksilberthermometer
1742	Benjamin Huntsman stellt Stahl her; Anders Celsius führt die nach ihm benannte Thermometerskala ein
1752	Benjamin Franklin erfindet den Blitzableiter
1765	James Watt baut Niederdruck-Dampfmaschine (Verbesserung der Maschine von Thomas Newcomen 1712)
1769	Motorisiertes Fahrzeug als Dampfwagen von Joseph Cugnot
1774	Joseph Priestley entdeckt Sauerstoff; John Wilkinson erhält Patent auf Zylinderbohrmaschine
1780	Luigi Galvani entdeckt »tierische Elektrizität«
1783	Gebrüder Montgolfier führen Aufstieg eines Heißluftballons vor; Antoine Laurent de Lavoisier zeigt, dass Wasser aus Wasserstoff und Sauerstoff besteht; in England geht Dampfmaschinen-Walzwerk in Betrieb
1785	James Hutton begründet die moderne Geologie; John Wilkinson baut das erste Eisenschiff
1789	Französische Revolution; John Greenwood erfindet den pedalbetriebenen Zahnbohrer
1794	Erste Telegrafenlinie von Paris nach Lille
1796	Edward Jenner führt die erste Pockenimpfung mit Kuhpocken-Viren durch; Pierre Simon de Laplace formuliert Nebularhypothese der Planetenentstehung
1799	Archivmeter (Urmeter) und das Archivkilogramm (Urkilogramm) werden in Sèvres bei Paris hinterlegt; Alexander von Humboldt beginnt Forschungsreise nach Südamerika
1800	Die durchschnittliche Lebenserwartung in Deutschland liegt für Männer und Frauen bei 28 Jahren; Friedrich Wilhelm Herschel entdeckt Infrarotstrahlung im Sonnenspektrum; Alessandro Volta erfindet elektrische Batterien-Reihenschaltung
1801	Oliver Evans konstruiert Hochdruck-Dampfmaschine; Carl Friedrich Gauß begründet Zahlentheorie als mathematische Disziplin

1802	Thomas Young weist Wellencharakter des Lichtes nach; Gottfried Reinhold Treviranus führt den Begriff »Biologie« als Klammer für die Lebenswissenschaften ein
1809	Jean Baptiste de Lamarck behauptet, dass sich Arten aus früheren entwickelt haben
1810	André Marie Ampère erfindet »Ampèremeter« zur Messung von Stromstärken
1812	Friedrich König erfindet Schnelldruckpresse, mit der ab 1814 die ›Times‹ gedruckt wird
1814	Joseph von Fraunhofer erforscht im Spektrum des Sonnenlichts die nach ihm benannten Absorptionslinien
1822	Joseph Nicéphoe Niepce stellt die erste fixierte Fotografie her
1825	William Sturgeon erfindet den Elektromagneten
1827	Robert Brown entdeckt die Bewegung kleiner Teilchen in Flüssigkeiten (Brown'sche Bewegung)
1831	Michael Faraday entdeckt die »elektromagnetische Induktion« und baut einen Dynamo; Joseph Henry baut den ersten Elektromotor; Charles Darwin begibt sich an Bord der »Beagle« auf eine fünfjährige Forschungsreise
1832	Carl Friedrich Gauß und Wilhelm Eduard Weber erfinden den elektrischen Telegraphen; Hippolyte Pixii baut Wechselstromgenerator, im Folgejahr den Gleichstromgenerator
1833	Michael Faraday formuliert die Gesetze der Elektrolyse
1835	Samuel Morse konstruiert schreibenden Telegrafen; Eröffnung der Eisenbahnstrecke Nürnberg – Fürth
1837	Louis Daguerre führt die »Daguerrotypie« ein und erfindet die Fotografie; Samuel Morse entwickelt das Telegrafen-Alphabet
1839	Charles Goodyear erfindet die »Vulkanisation« zur Herstellung von Reifengummi; William Robert Grove entwickelt die Brennstoffzelle
1845	Emil Du Bois-Reymond entdeckt elektrische Impulsfortleitung in Nerven
1846	Carl Zeiss gründet Werkstatt für optische Geräte in Jena; Operationen unter Vollnarkose in den USA
1847	Hermann von Helmholtz formuliert den allgemeinen Energieerhaltungssatz
1848	Rudolph Christian Böttger erfindet das Sicherheitszündholz; William Thomson (Lord Kelvin of Largs) postuliert die Existenz eines absoluten Temperaturnullpunkts; Times wird als erste Zeitung im Rotationsdruckverfahren gedruckt

1849	Walter Hunt lässt die Sicherheitsnadel, Robert William Thompson den Füllfederhalter patentieren
1850	Hermann von Helmholtz erfindet den Augenspiegel, mit dem das Innere eines lebenden Auges studiert werden kann
1851	Jean Bernard Léon Foucault demonstriert die Erdrotation mit einem großen Pendel im Panthéon zu Paris; erste Weltausstellung in London
1853	Charles Frederick Gerhardt erfindet Aspirin; Fahrradantrieb mit Tretkurbel von Philipp Moritz Fischer (»Fischerrad«)
1854	Georg Friedrich Bernhard Riemann begründet die nichteuklidische Geometrie mit mehr als drei Dimensionen; Heinrich Göbel baut die erste brauchbare Glühlampe
1856	Im Neandertal bei Düsseldorf wird das Skelett eines *Homo neanderthalensis* gefunden
1858	Über das erste Transatlantik-Kabel werden 366 Telegramme übertragen; Friedrich August Kekulé postuliert Kettenform der Kohlenstoffverbindungen bei Polymeren
1859	Charles Darwin veröffentlicht ›Über die Entstehung der Arten‹ und begründet die moderne Evolutionstheorie; Gustav Robert Kirchhoff und Robert Bunsen entwickeln die Spektralanalyse;
1861	Einsatz von Melk- und Rübenerntemaschinen in Deutschland; Gustav Kirchhoff ermittelt die wesentlichen Bestandteile der Sonne; Johann Philipp Reis erfindet das Telefon
1863	Eröffnung der U-Bahn in London; John Tyndall weist auf die Möglichkeit des vom Menschen verursachten Treibhauseffektes hin
1864	James Clark Maxwell stellt die nach ihm benannten Gleichungen der Elektrodynamik auf; Peter Mitterhofer baut eine Holz-schreibmaschine
1865	Louis Pasteur formuliert die Keimtheorie; Gregor Mendel entdeckt die nach ihm bekannten Vererbungsgesetze
1866	Alfred Nobel erfindet Dynamit
1869	Fahrräder mit Kettenantrieb; Dimitrij Iwanowitsch Mendelejew und Julius Lothar Meyer entwickeln Periodensystem der Elemente
1871	Charles Darwin reiht den Menschen in die Tierwelt ein
1873	US-Firma Remington produziert Schreibmaschinen; James Clark Maxwell betrachtet Licht als elektromagnetische Welle
1875	Internationale Meterkonvention wird als erstes internationales metrologisches Vertragswerk vereinbart

1876 Nikolaus August Otto erfindet den Viertakt-Gasmotor mit Verdichtung (Ottomotor); Carl von Linde erfindet die Ammoniak-Kältemaschine (Kühlschrank); Alexander Bell meldet Patent für Telefonapparat an

1877 Thomas Alva Edison konstruiert Fonograf und Kohlemikrofon, zwei Jahre später Kohlefadenglühlampe; in Philadelphia eröffnet das erste Kaufhaus der Welt

1880 Werner Siemens konstruiert elektrischen Aufzug; Hermann Hollerith entwickelt Lochkartensysteme zur Datenverwaltung

1881 Fernsprechvermittlung und elektrische Straßenbahn in Berlin

1882 Wasserkraftwerk in den USA; Robert Koch entdeckt Tuberkelbazillus; Straßenbeleuchtung mit Bogenlampen in Berlin; Thomas Alva Edison nimmt in Manhattan elektrisches Kleinkraftwerk in Betrieb

1886 Josephine Cochrane erhält Patent auf Spülmaschine; Gottlieb Daimler und Carl Friedrich Benz präsentieren funktionsfähige Automobile; Otto Lilienthal baut seinen »Normal-Segelapparat«

1888 Erste luftgefüllte Reifen mit Ventil von John Boyd Dunlop; Heinrich Rudolph Hertz weist elektromagnetische Wellen (Radiowellen) nach

1890 Auf Java werden etwa 1,8 Mio. Jahre alte Knochen eines *Homo erectus* entdeckt; Paul Ehrlich begründet die Immunologie

1891 William K. Laurie Dickson und Thomas Alva Edison bauen Kamera für bewegliche Bilder (Kinetograf)

1893 Whitcomb Judson erhält Patent auf Reißverschluss

1895 Öffentliche Filmvorführungen in Berlin und Paris; Wilhelm Conrad Röntgen entdeckt die nach ihm benannte Strahlung

1896 Eröffnung der Berliner U-Bahn; Antoine Henri Becquerel entdeckt die Radioaktivität

1897 Joseph John Thomson entdeckt das Elektron; Karl Ferdinand Braun erfindet die Elektronenstrahlröhre (Braun'sche Röhre) für Fernsehgeräte; Rudolf Christian Karl Diesel baut seinen Hochdruckverbrennungsmotor (Dieselmotor)

1898 Marie Curie und Pierre Curie entdecken die radioaktiven Elemente Polonium und Radium; Karl Ferdinand Braun entwickelt den elektromagnetischen Schwingkreis für den drahtlosen Funkverkehr

1899 Bayer bringt Aspirin auf den Markt; drahtlose Telegrafie zwischen Großbritannien und Frankreich durch Guglielmo Marconi

1900	Die durchschnittliche Lebenserwartung in Deutschland liegt für Männer bei 45 und für Frauen bei 48 Jahren; Max Planck spricht von Energieteilchen und begründet die Quantentheorie; Mendels Gesetze werden wieder entdeckt
1901	Guglielmo Marconi funkt Morsesignale über den Atlantik
1902	Leon Teisserenc de Bort entdeckt, dass die Atmosphäre aus zwei Schichten besteht (Troposphäre und Stratosphäre)
1903	Erfolgreicher Motorflug der Gebrüder Wright; Bau der elektrischen Vollbahnlokomotive durch Siemens und AEG
1904	Zwischen München und Nürnberg werden Bilder telegrafisch übertragen
1905	Vollendung des Simplontunnels; Albert Einstein veröffentlicht Schriften zur Speziellen Relativitätstheorie; Edmund Wilson und Nellie Stevens konstatieren, dass unterschiedliche X- und Y-Chromosomen für das Geschlecht verantwortlich sind
1907	Die Brüder Auguste und Louis Lumière entwickeln die Farbfotografie; Fritz Henkel stellt das Waschmittel Persil vor
1910	Georges Claude erfindet die Neonröhre
1911	Ernest Rutherford stellt neues Atommodell auf
1912	Alfred Wegener stellt Theorie der Kontinentalverschiebung auf; Marie Curie gründet in Paris das Radium-Institut
1913	Großtechnische Herstellung von Kunstdünger mit dem »Haber-Bosch-Verfahren«; Niels Bohr entwickelt das »Bohr'sche Atommodell«; Fließbandproduktion bei Henry Ford
1914	Ernest Rutherford entdeckt das Proton; Panamakanal wird eröffnet
1915	Elektrische Waschmaschinen in England und den USA
1916	Albert Einstein publiziert zur Allgemeinen Relativitätstheorie; Thomas Hunt Morgan weist nach, dass Gene auf den Chromosomen für die Vererbung verantwortlich sind
1919	Albert Einsteins Allgemeine Relativitätstheorie wird bei einer Sonnenfinsternis bestätigt
1921	Otto Loewi beschreibt Signalübermittlung in Synapsen des Gehirns
1922	Drahtlose Bildübertragung von Europa nach USA; Hermann Staudinger weist Kettenform der Kohlenstoffverbindungen bei Polymeren nach
1923	Rundfunksendungen in Deutschland; elektrische Schreibmaschine von James Smathers
1924	Erste Funkausstellung in Berlin

1925	Erwin Schrödinger begründet die Wellenmechanik
1926	Hermann Muller entdeckt, dass Röntgenstrahlen im Erbgut von Fruchtfliegen Mutationen auslösen können; Max Born beschreibt Wahrscheinlichkeitswellen (statistische Deutung der Quantenmechanik)
1927	Niels Bohr und Werner Heisenberg veröffentlichen »Kopenhagener Deutung« der Quantenmechanik, Werner Heisenberg formuliert dazu die »Unschärferelation«; Albert Abraham Michelson bestimmt die Lichtgeschwindigkeit zu 299 798 km/s
1928	Alexander Fleming entdeckt Penicillin; Paul Dirac postuliert die Existenz von Antimaterie
1929	Edwin Hubble stellt fest, dass sich Galaxien voneinander entfernen (»Hubble-Effekt«); Warren Alvin Marrison erfindet die Quarzuhr; Felix Wankel erfindet den Drehkolbenmotor
1930	Erstes deutsches Pumpspeicherkraftwerk bei Dresden; Vanevar Vush nimmt elektro-mechanischen Großrechner in Betrieb
1931	Konrad Zuse beginnt mit dem Bau des frei programmierbaren Rechners »Z1«
1932	James Chadwick entdeckt das Neutron
1933	Ernst August Friedrich Ruska baut Elektronenmikroskop
1934	Max Delbrück postuliert, dass Gene molekulare Struktur haben
1935	Erstes regelmäßig gesendetes Fernsehen und öffentliche Fernsehstuben in Berlin
1936	Fritz Zwicky entdeckt 20 Supernovae; Kontaktlinsen aus Plexiglas
1937	Firma Du Pont startet Nylon-Produktion; Alan Turing entwickelt Modell für Computer (»Turing-Maschine«)
1938	Otto Hahn und Fritz Straßmann spalten erstmals Atome; Hans Albrecht Bethe und Carl Friedrich von Weizsäcker beschreiben den Fusionsprozess der Sonne; Massenproduktion von PVC beginnt in Amerika und Deutschland; Ferdinand Porsche baut Prototyp des Volkswagens (»Käfer«)
1941	Konrad Zuse präsentiert vollelektronisch arbeitende programmgesteuerte Rechenanlage »Z3«
1942	Enrico Fermi erzeugt kontrollierte Kernspaltungskettenreaktion in Chicago
1944	Oswald T. Avery entdeckt, dass die Desoxyribonukleinsäure (DNS) Träger der genetischen Information ist
1945	Atombombenabwürfe auf Hiroshima und Nagasaki

1946	In den USA geht mit »ENIAC« die elektronische Großrechenanlage in Betrieb
1947	Willard Libby entwickelt Radiocarbon-Methode (»C-14«) zur archäologischen Altersbestimmung; George Gamow entwickelt die Urknall-Theorie zur Entstehung des Kosmos; Raketenflugzeug »Bell XS-1« durchbricht Schallmauer
1948	Lochkartengesteuerter Großrechner (IBM 604); Willard Frank Libby erfindet Atomuhr
1950	Erwin Chargaff findet heraus, dass die Erbsubstanz aus den vier Basen Guanin, Adenin, Thymin und Cytosin besteht
1952	Robert Briggs und Thomas King klonen Frösche; Wasserstoffbombe (Kernfusionswaffe) wird auf dem Eniwetok-Atoll im Pazifik getestet
1953	James Watson und Francis Crick beschreiben die räumliche Struktur der DNS (Doppelhelix); William Maurice Ewing erfindet den Seismograf; Farbfernsehen in den USA
1954	Solarzelle und Nuklearbatterie; John Backus entwickelt die Computer-Hochsprache FORTRAN (Formula translator); Jonas E. Salk entwickelt den Polio-Impfstoff gegen Kinderlähmung
1956	Computer mit Magnetplattenspeicher (IBM); erstes Großkernkraftwerk (Calder Hall)
1957	Sowjetunion schießt Satelliten »Sputnik 1« in die Erdumlaufbahn
1959	»Lunik 2« erreicht als erster Raumflugkörper den Mond
1960	Theodore Maiman baut Laserapparat
1961	Jurij Aleksejewitsch Gagarin umkreist als erster Mensch im All die Erde in einer Wostok-Raumkapsel; in Kahl am Main geht kommerziell betriebenes deutsches AKW ans Netz; Stereo-Rundfunksendungen in den USA
1962	Kommunikationssatellit »Telstar 1« überträgt Fernsehbilder über den Atlantischen Ozean
1963	Aufklärung des genetischen »Code« (Zusammenhang zwischen Genen und Proteinbildung)
1964	Frederick Vine und Drummond Matthews entschlüsseln die Meeresbodenausbreitung
1965	Arno Penzias und Robert Woodrow Wilson entdecken kosmische Hintergrundstrahlung; erster kommerzieller Nachrichtensatellit (»Early Bird«) in Betrieb; in Indien kommt Hochleistungssaatgut von Norman Borlaug zum Einsatz (»Grüne Revolution«)

1966	»Luna 9« setzt weich auf dem Mond auf und sendet Bilder; Inbetriebnahme des Gezeitenkraftwerks an der französischen Rance-Mündung; Ray Dolby entwickelt Methode zur Rauschunterdrückung
1968	Erstes Überschallpassagierflugzeug »Tupolew TU-144« in der Sowjetunion
1969	Neil Armstrong betritt den Mond
1971	»Mariner 9« sendet Bilder aus der Mars-Umlaufbahn; Entwicklung der Flüssigkristallanzeige (LCD); Serienfertigung von Mikroprozessoren durch Intel; Taschenrechner von Texas Instruments; im Sternbild Schwan wird ein »schwarzes Loch« entdeckt
1972	Medizinischer Einsatz der Computertomografie durch Godfrey N. Hounsfield
1973	Stanley Cohen und Herbert Boyer fügen fremde DNA in ein Bakterien-Plasmid ein und schaffen das erste gentechnisch veränderte Lebewesen
1974	Donald Johanson entdeckt das Skelett der Australopithecinen-Frau Lucy
1975	Bill Gates gründet Microsoft; Vorstellung des »Video Home Systems« (VHS)
1976	»Viking 1« und »Viking 2« landen auf dem Mars
1978	Das erste Retortenbaby kommt zur Welt; Pocken sind weltweit ausgerottet
1979	Compact Discs (CD) als Tonträger (Philips und Sony) und Sony-»Walkman«; kommerzielles Mobilfunknetz (Handy) in Tokio
1981	Gerd Binning und Heinrich Rohrer erfinden das Raster-Tunnelmikroskop, mit dem einzelne Atome gesehen und bewegt werden können
1982	Gentechnisch hergestelltes Insulin kommt auf den Markt
1983	Das Aids-Virus HIV wird von Luc Montagnier und Robert Gallo identifiziert
1985	Freigabe des Satellitenempfangs für Privatpersonen in der BRD
1986	Reaktorunfall in Tschernobyl (Ukraine); sowjetische Raumstation »Mir« wird in die Umlaufbahn gebracht
1988	Das »Global Positioning System« (GPS) ist weltweit verfügbar; Einführung von ISDN in Deutschland
1989	Tim Berners-Lee erfindet das »World Wide Web«

1991	Im europäischen Gemeinschaftsexperiment JET (Joint European Torus) in Culham (England) wird eine Kernfusionsleistung von 1,8 MW erzielt; in den Ötztaler Alpen wird die 5300 Jahre alte Leiche von »Ötzi« entdeckt
1994	Gentechnisch veränderte »Flavr-Savr«-Tomate kommt auf den US-Markt; Einweihung des Kanaltunnels zwischen England und Frankreich
1995	Genom eines Bakteriums (Haemophilus influenzae) wird vollständig sequenziert; die NASA-Raumsonde »Galileo« erreicht Jupiter; Andockung des amerikanischen »Space Shuttle« an die Raumstation »Mir«
1996	Das erste geklonte Säugetier, das Schaf Dolly, kommt in Schottland zur Welt; Durchbruch der »Grünen Gentechnik« mit der Einführung transgener Sorten von Raps, Mais und Soja; Vorstellung der DVD-Technologie
1997	Computerprogramm Deep Blue besiegt Schachweltmeister Garri Kasparow
1998	Die US-Firma ACT klont erstmals einen Menschen, dabei wird das Erbmaterial eines Mannes in eine entkernte Eizelle einer Kuh eingebracht, der daraus entstandene Embryo nach zwölf Tagen vernichtet; Beginn des Aufbaus der Internationalen Raumstation ISS
1999	Ingo Potrykus und Peter Beyer stellen den »Goldenen Reis« vor
2000	Die durchschnittliche Lebenserwartung in Deutschland liegt für Männer bei 75, für Frauen bei 80 Jahren
2002	Die NASA-Sonde »Mars Odyssee« stellt dicht unter der Marsoberfläche wasserstoffreiche Schichten fest
2003	Das menschliche Genom ist vollständig sequenziert; Klonschaf »Dolly« stirbt aufgrund von Gesundheitsproblemen, die mit seiner Entstehung in Zusammenhang gebracht werden
2005	Frankreich erhält den Zuschlag für die Realisierung des Fusionsforschungsprojektes »International Thermonuclear Experimental Reactor« (ITER)
2006	Die Raumsonde »Venus Express« der Europäischen Raumfahrtagentur (ESA) erreicht ihre Umlaufbahn; der Mars-Satellit »Reconnaissance Orbiter« der NASA sucht nach Landeplätzen für eine bemannte Mission

Namenverzeichnis

Bildnachweis

akg-images, Berlin 70, 79
artur architekturbilder, Köln (Foto Heiner Leiska); PVCplus, Bonn 141
Biblioteca Marucinella, Florenz 24
Deutsches Museum München 137
Grafik Achim Norweg 43, 65, 82 (nach Ulrich Kutschera, ›Evolutionsbiologie‹, 2. Auflage 2006), 86, 89, 105, 109, 112 (nach Volker Storch u.a., ›Evolutionsbiologie‹, 2001), 117 (nach einer Vorlage von Ulrich Harms, ICDP, GeoForschungsZentrum Potsdam), 159
Grafik Nadine Schnyder 101
Mendel Museum, Augustinian Abbey, Brno 46
Okapia KG, Frankfurt 94
Walker Art Gallery, Liverpool 133
Wuppertaler Uhrenmuseum 130

Alle anderen Abbildungen stammen aus den Archiven der Autoren und des Herausgebers.

dtv

Einfach wissen

Das Wichtigste über uns und die Welt, für alle, die was wissen wollen

- Grundwissen zu den jeweiligen Sachgebieten
- Über Menschen, Sachverhalte, Epochen, Ereignisse, Schauplätze
- Verfasst von namhaften Wissenschaftspublizisten
- Mit Leseempfehlungen und anderen weiterführenden Hinweisen

Herausgeber der Reihe: Olaf Benzinger

Das Wichtigste über
Literatur & Sprache
Von Johannes Balve
ISBN 3-423-**34361**-3

Das Wichtigste über
Mensch & Gesundheit
Von Thomas Deichmann und Thilo Spahl
ISBN 3-423-**34362**-1

Das Wichtigste über
Natur & Technik
Von Thomas Deichmann und Thilo Spahl
ISBN 3-423-**34363**-X

Das Wichtigste über
Länder & Kontinente
Von Claudia Eberhard-Metzger
ISBN 3-423-**34364**-8

Das Wichtigste über
Geschichte & Zeitgeschichte
Von Matthias und Kerstin von Hellfeld
ISBN 3-423-**34365**-6

Das Wichtigste über
Kunst & Musik
Von Susanna Partsch und Olaf Benzinger
ISBN 3-423-**34366**-4

Das Wichtigste über
Politik & Wirtschaft
Von Jeanne Rubner und Arthur Carlson
ISBN 3-423-**34367**-2

Das Wichtigste über
Religion & Philosophie
Von Matthias Viertel
ISBN 3-423-**34368**-0